大爆炸
宇宙通史

BANG! THE COMPLETE HISTORY OF THE UNIVERSE

（英）帕特里克·摩尔（Patrick Moore）
（英）布莱恩·梅（Brian May）
（英）克里斯·林托特（Chris Lintott） 著
鞠强 译

化学工业出版社

·北 京·

北京市版权局著作权合同登记号：01-2021-1504

图书在版编目(CIP)数据

大爆炸：宇宙通史/（英）帕特里克·摩尔（Patrick Moore），（英）布莱恩·梅（Brian May），（英）克里斯·林托特（Chris Lintott）著；鞠强译. —北京：化学工业出版社，2022.4

书名原文：Bang! The Complete History of the Universe

ISBN 978-7-122-40449-7

Ⅰ.①大… Ⅱ.①帕…②布…③克…④鞠… Ⅲ.①宇宙-普及读物 Ⅳ.① P159-49

中国版本图书馆CIP数据核字（2021）第251562号

责任编辑：王　雪　宋　娟
责任校对：赵懿桐
书籍设计：尹琳琳

出版发行：化学工业出版社
　　　　　（北京市东城区青年湖南街13号　邮政编码100011）
印　　装：北京宝隆世纪印刷有限公司
787mm×1092mm　1/16　印张14$\frac{1}{2}$　字数244千字
2023年2月北京　第1版第1次印刷

购书咨询：010-64518888
售后服务：010-64518899
网　　址：http://www.cip.com.cn
凡购买本书，如有缺损质量问题，本社销售中心负责调换。

定　　价：98.00元　　　　　　　　版权所有　违者必究

一本好书

打开宇宙的一扇窗

"我是谁？我从哪里来？我要到哪里去？"这三个问题一直被视为人类思考的终极问题。自古至今，茫茫宇宙，浩瀚星空，吸引了很多人思考着类似的宇宙终极问题。2000多年前，屈原就在《天问》中写道："遂古之初，谁传道之？上下未形，何由考之？"试图追问宇宙诞生之理。18世纪伟大的德国哲学家康德也曾说过："世界上有两件东西能震撼人们的心灵，一件是我们心中崇高的道德标准，另一件是我们头顶上灿烂的星空。"并且，康德也因他的岛宇宙模型而闻名。

屈原和康德生活的时代相隔了2000多年，虽然他们都未能解开宇宙之谜，但是，向自然发问和向未知求索的精神是驱动我们认知进步的原动力，促使我们在不断地认知自身，探索着我们身处的宇宙。

纵观人类历史，在之前的几十万年间，人类从亚非大陆走出，走向欧洲、亚洲、美洲，穿梭在整个蓝色星球上，但人类对于宇宙的认知甚少。1919年7月，国际科学联合会理事会在比利时布鲁塞尔召开会议，宣告国际天文学联合会成立。相比300多年前伽利略生活的时代，当时的人们已经借助望远镜看到了一个更加广阔的宇宙，也已经知道太阳不是位于我们银河系的中心，然而对于宇宙的大小依然并不清楚。甚至在1920年的时候，美国两位著名的天文学家还为宇宙大小问题展开了一场世纪大辩论。

不过自20世纪20年代起，随着国际天文学联合会的成立，天文学研究进入了一个快速发展的时代，人类对宇宙的认知也得到加速发展。1924年，美国天文学家哈勃通过当时世界上最大的胡克望远镜，发现仙女座星云原来是一个河外星系，从而验证了康德岛宇宙模型的正确性。5年后的1929年，哈勃又发现了更为重要的宇宙膨胀现象，为之后的宇宙大爆炸理论提供了观测基础，"屈原之问"也得到首次解答。

自国际天文学联合会成立以来的100多年中，我们不仅建造了越来越大的地基望远镜，还发射了很多个空间望远镜、不同波段的探测窗口，甚至多个探测信使也都被逐渐开启。借助于这些探测手段，在这个让人着迷、充满神秘色彩的宇宙中，我们发现了很多有趣的天体和天文现象。我们瞥见了宇宙最初的很多景象，逐渐建立了我们对于宇宙的现代认识；我们目睹了来自138亿年前宇宙大爆炸的余晖；我们发现银河系也仅仅是宇宙万亿星系中的一个；我们赖以生存的太阳也仅仅是银河系中很普通的一个星球；我们人类就是诞生于银河系边缘的一个蓝色行星之上，而银河系或许存在着上亿颗类似地球的行星。我们还发现了宇宙中很有趣并且神奇的天体，比如黑洞、中子星。我们也认识到：宇宙不仅由可见的正常物质组成，还包含了更多的不可见的暗物质和暗能量，而后者更是影响着宇宙的未来，同时也影响着人类的未来。

总之，在过去的100年中，我们对于宇宙的认识发生了翻天覆地的变化。这本《大爆炸：宇宙通史》就按照时间的顺序介绍了宇宙的诞生和过去，同时还涉及宇宙的未来和生命的话题，试图从一种更加宏观的角度来回答哲学三问。书的作者团队由三位英国知名科普作家组成，第一作者帕特里克·摩尔爵士尤为知名，他是一位业余天文学家，同时还是作家、音乐家等。他曾经担任过英国天文协会主席，也是大众天文学协会的共同创办人和前主席。自1957年起，他开始主持BBC天文科普节目《仰望夜空》（The Sky at Night），该系列节目成为世界上播出时间最长的电视节目。他为天文学和大众天文知识的普及做出了巨大贡献。他曾经撰写了70多部天文学相关书籍，这本书便是其中一本。这本书以其精美的图片和简洁优美的文字，让人心动。

爱因斯坦曾说，现代技术发展所不可缺少的理智工具，主要来自对星空的观察。愿读者朋友们通过阅读这本书，在满足对于宇宙和星空好奇的同时，还能拓展视野，打开了解宇宙的一扇窗。

苟利军
中国科学院国家天文台研究员
中国科学院大学天文学教授

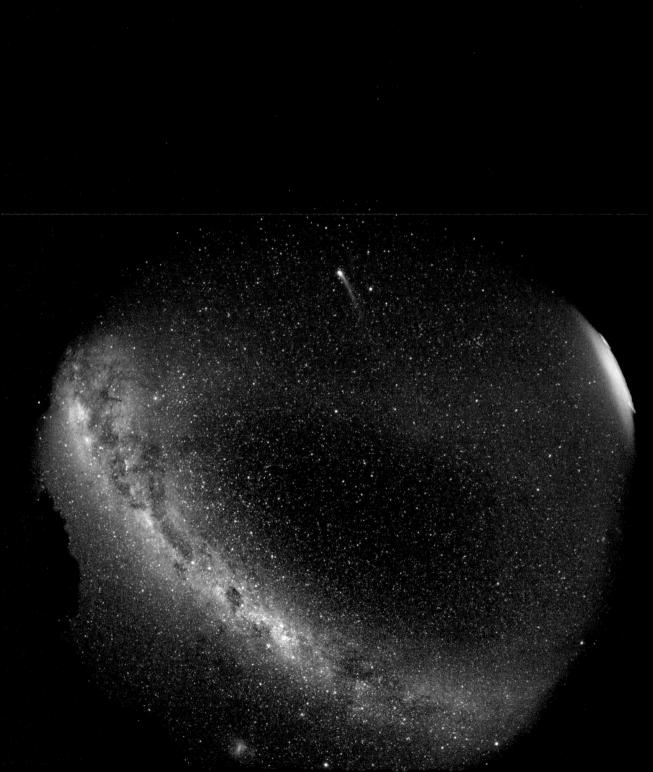

序

如果不是一位认为"大爆炸"是一个非常荒谬观点的天文学家的感叹，我们当中可能没人会在这里讨论这个理论。

从 20 世纪 40 年代后期开始，杰出的英国天文学家弗雷德·霍伊尔（Fred Hoyle）就是"稳态假设"的著名支持者，这个假设最初是由赫尔曼·邦迪（Hermann Bondi）和托马斯·戈尔德（Thomas Gold）提出的。霍伊尔出于哲学上的原因被这样一个观点所吸引，即随着时间的流逝，宇宙在大尺度上应该是不变的。他和其他人都注意到宇宙的组成部分正彼此飞速远离，这是埃德温·哈勃（Edwin Hubble）在 20 世纪 20 年代发现的。因此，为了维持这个理论，稳态理论家推断新物质必须在各处不断产生以替代失去的物质（这个概念被称作稳恒态宇宙论），这样宇宙才能永远保持不变。与此同时，乌克兰宇宙学家乔治·伽莫夫（George Gamow）却提出了截然相反的论断，他声称宇宙可能是在一瞬间诞生的，也完全没有处在一个稳定的状态中。1949 年，在一个广播节目中，霍伊尔坚定地宣称已有的观测证据与所有物质都在"一次大爆炸"（One Big Bang）中被创造出来的理论存在冲突。他在无意中创造的这个名字，此后一直被用来描述这个他在余生中始终反对的理论。

在 20 世纪 50—60 年代，两种理论之间的斗争非常激烈。积累起来的证据开始支持让霍伊尔不爽的大爆炸理论。1964 年，阿诺·彭齐亚斯（Arno Penzias）和罗伯特·威尔逊

◄ **南天星空**

在澳大利亚新南威尔士看到的星空。200°的环形夜空视野是使用一只鱼眼镜头拍摄的。位于顶部的是百武彗星（Comet Hyakutake）。下方的模糊光斑是大麦哲伦云，这个附近的矮星系正处于被银河系吞并的过程中。图中可见的光带就是银河系，左侧最亮的部分是银河系的中心。

▼ **作者**

克里斯·林托特（Chris Lintott）和布莱恩·梅（Brian May）站在帕特里克·摩尔（Patrick Moore）身旁，他们正在准备观测 2004 年的金星凌日。

↓ **月球**

从帕特里克的天文台看到的一轮皎洁的满月。

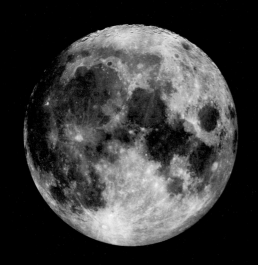

（Robert Wilson）发现了宇宙微波背景（Cosmic Background Explorer，缩写 COBE），这给了稳态理论致命一击。宇宙微波背景是大爆炸的真实回声，在创生数十亿年后仍在整个宇宙中回响。

大爆炸理论（或者更准确地说，理论的集合），正如它描述的那样，只是一个理论——一个被建立起来的虚构的模型，以拟合我们观测宇宙时获得的有效证据。在天文学中，模型变化不定，证据仍不完整，因此，如果在数年后我们的书不需要在整体上重写，那么我们会感到很惊讶。但是我们在本书中讲的这个是目前大多数天文学家认为还不错的模型。

因为我们是以时间顺序来讲述宇宙自身演化的故事，所以我们决定把历史上的趣闻和其他偏离中心话题的内容放在我们亲切地称之为"灰色区域"的地方，而不是把它们放在正文中。如果你希望不受打扰地探索宇宙的故事，那么可以随意跳过灰色区域中的内容，稍后再看。我们主要的故事从第一章开始，随后的每一章都会讲述一段时间内的事件，一直到今天，再到可预见却几乎不可想象的遥远的未来。

在页眉的右侧，你会发现一个有用的绝对时间参考——提醒我们已经沿着时间线移动了多远。在本书中我们的习惯是使用以宇宙的创生为零点的绝对时间标尺。为方便起见，这样的时间被标注为 A.B.，即"大爆炸后"（after the Bang）。

我们在此讲述的这些发现来自天文学界和科学界的许多卓越先驱。他们的传记附在本书的最后。同时，书后还有一个由帕特里克撰写的对实用天文学的介绍，毕竟我们都是从凝视夜空并思考它是怎么回事开始的。

引言
天空的诱惑
001

第一章
开端：在最开始
010

第二章
要有光
028

第三章
演化的宇宙
058

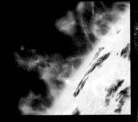

结语
161

人物小传
183

术语表
203

图片版权
216

实用天文学
163

宇宙的时间线
202

索引
210

第四章
恒星和行星
084

第五章
生命的出现
110

第六章
看向未来
130

第七章
宇宙的终结
152

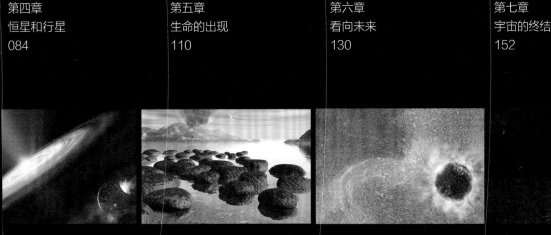

引言
天空的诱惑

↑ 北斗七星

北斗七星，又称作大勺，可能是最著名的"星座"，但是在天文学家眼中它却并不是一个完整的星座。它包含了大熊座中最亮的七颗星。

↑ 哈勃太空望远镜

刚好在距离地面 600 千米的高度掠过大气层。自从 1990 年升空以来，这台独一无二的望远镜彻底改变了我们对宇宙的认识。

➜ 地球升起

这张签名照片是在阿波罗 8 号上拍摄的，任务指令长弗兰克·博尔曼（Frank Borman）亲自把它送给了帕特里克。阿波罗 8 号首次完成了载人飞到月球背面的任务。

在一个黑暗而晴朗的夜晚抬头仰望，你会看到数以百计的星星。如果你足够幸运，生活在远离现代城市光污染的地方，甚至还可以看到数以千计的星星。天空似乎是发光的。今天，很多人知道这些微小而闪烁的光点是恒星，其中许多要比我们的太阳更大、更热，也更有能量，而我们的地球看起来则是一颗平淡无奇的行星，在广阔的宇宙中甚至比撒哈拉沙漠中的一粒沙子还要无足轻重。但是，在这　切背后的是什么？宇宙是如何开始的？它是如何演化的？如果它终将灭亡，那又将会如何灭亡？

天文学家正在尝试回答这些问题。我们这种微不足道的生物，生活在一颗围绕平凡的恒星而旋转的行星上，竟能够凝视太空深处，获得来自不可思议的远处的恒星系统的光，甚至还能向其他世界发射机器，这真挺令人惊讶的。也许，宇宙中其他的居民会超过我们，而我们一定会被当成是宇宙中的原始人，但是在我们所生活的这个宇宙的竞赛中，我们至少已经起跑了。在本书中，我们将尽力去讲述宇宙的故事——从它的创生（在地球存在很久以前），到今天，再到未来（那时地球甚至都不存在于记忆中）。我们不知道的东西还有很多，也许永远都不会知道，但是，自从我们的祖先像我们今天一样凝视星空并思考"它们是什么"开始，我们已经走过了很长的一段路。

我们正处在天文学的黄金时代。像哈勃太空望远镜（Hubble Space Telescope）这样能在大气层之上围绕地球运行的新的观测设备在数十年前是不可想象的。在过去 50 年里能取得如此令人惊讶的进展的关键因素是供科学家使用的计算机的性能得到了提高。

宇宙学的研究是在最大尺度上对宇宙的过去、现在和未来演化进行的研究。近期没有哪个领域取得了像宇宙学这样出色的进展。在 20 世纪的大部分时间里，大部分天文学家都偏爱一个在大尺度上各向同性并几乎不随着时间变化的静态宇宙，但我们今天的宇宙图景已截然不同。

我们身在何处

在我们的故事中，我们谈及的是大尺度的空间和时间。地球是一个直径大约为 12800 千米的在距离太阳 1.5 亿千米处绕太阳运行的球体。它是太阳系八大行星❶之一，与其他很多更小的天体组成了太阳系。

---

❶ 原文为"九大行星"。原书第一版出版于 2006 年，同年 8 月 24 日，国际天文学联合会将冥王星降级为"矮行星"，从此变成"八大行星"。本书注解皆为译注。

↑另一个一小步

巴兹·奥尔德林（Buzz Aldrin）
离开登月舱，与在月球表面的尼
尔·阿姆斯特朗会合。"我把舱
门半关，确保我在外面的时候舱
门不会锁上。"他说。"好主意。"
阿姆斯特朗回答道。

大部分的行星都有卫星，地球也有一颗，就是我们熟悉的月
球。它是我们在太空中的忠实的伙伴，同我们一起围绕着太阳旋转。
和行星一样，月球通过反射太阳光来发光，它距离地球大约40万千
米，所以它看起来很壮观。月球也是人类到达过的唯一的地外世界。
当1969年尼尔·阿姆斯特朗（Neil Armstrong）在月球静海荒凉的岩
石上说出"这是个人的一小步，却是人类的一大步"的时候，没人
会忘记这种胜利的感觉。但是在宇宙中，太阳系是一个非常微小
的单位。我们的星系，也就是银河系，至少包含1000亿颗恒星，
其中很多恒星都有行星围绕。我们不知道这些行星上是否存在某
种形式的生命，更别提智慧生命了。

以光速旅行

恒星很遥远。若试着用千米来测量它们之间的距离，那将会
像用厘米给出伦敦和纽约之间的距离一样笨拙，幸好我们有更好
的长度单位。光并非瞬间移动，而是以30万千米/秒的速度飞驰，
也就是说，光在一年内走过的距离差不多是96000亿千米。这个
距离被称作1光年（注意光年是距离单位，而非时间单位）。离太
阳最近的恒星的距离是4光年多一点，而目前已知最遥远的天体
距离我们超过120亿光年。

从如此遥远的距离上观察，这些发光的恒星就像是微小的
光点。但视觉是靠不住的，很多在晴朗的夜晚可见的恒星不仅
比太阳更明亮，而且也要大得多。例如，距离地球超过300光年
的猎户座的参宿四（Betelgeux，猎户座α）就是巨大的，大到可
以将地球环绕太阳的轨道包括进来。我们已经探测到了参宿四
表面的一些特征，但却只对离我们够近的太阳了解到了真正的
细节。我们关于恒星的认识通常都取决于我们对太阳这颗邻星
的认识。幸运的是，太阳是一颗非常普通的恒星，能量既不太
强也不太弱，也不会像很多恒星那样多变。天文学家把它归入
矮星的行列，但实际上它的质量要比矮星的平均值大一点，像
参宿四这样的巨星，其质量却要比矮星大得多。

➤三叶星云

三叶星云是一个孕育恒星的巨
大气体尘埃云。在这张由斯皮
策太空望远镜（Spitzer Space
Telescope）拍摄的红外图像中，
明亮的细丝就是恒星正在形成的
区域。在可见光波段的观测中看
不到这些。

我们还可以通过观察恒星的颜色来获得大量恒星的信息。就
像我们谈论物体是炽热的还是白热的，白热的物体要比炽热的物
体温度更高，所以恒星的颜色反映了它们的温度。还以参宿四为
例，它之所以看起来是红色的，是因为它比太阳温度低，而猎户
座的另一颗恒星参宿七（Rigel，猎户座β）是蓝白色的，它比黄色
的太阳的温度要高得多。太阳无论是温度还是大小都是中等的。

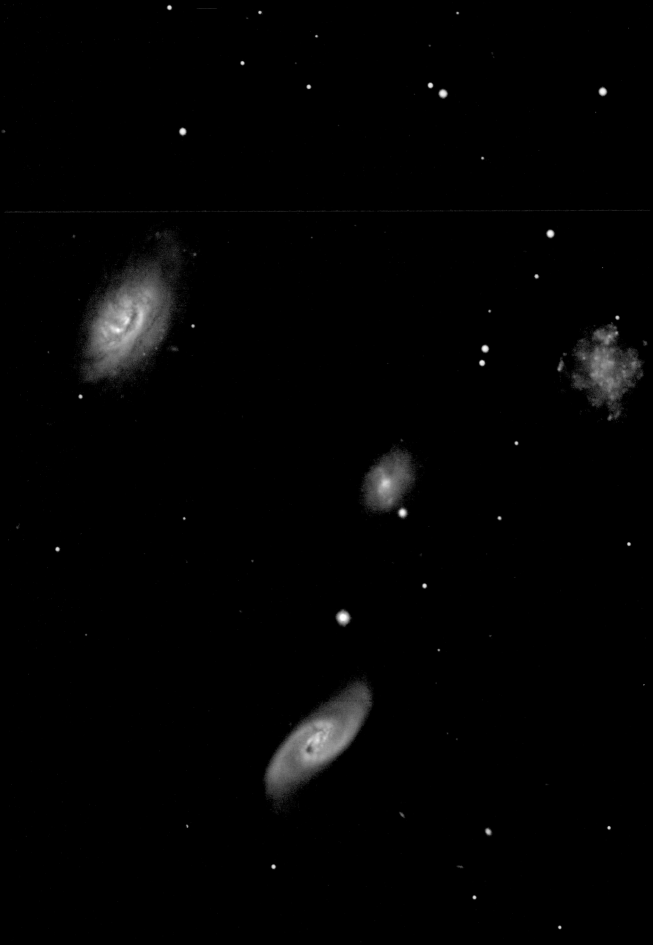

◄ 猎户座

这个壮丽星座中最明亮的几颗星在冬季夜空中总是那么引人注目，从史前时期开始就被认为是一个人的形状，我们称它为 Orion，就是猎人的意思。在图片的左上角也就是他肩膀上的那颗明亮的橙星就是参宿四。图片右下角蓝白色的参宿七是他的腿。二颗位于它们中间的恒星几乎排成一条直线，被称作猎户座腰带。腰带下方排列的这排恒星组成了猎户的佩剑，其中就包括了猎户座星云。它是距离我们最近的孕育恒星的区域，用肉眼看就是围绕佩剑中心恒星的模糊光线。

时间的历史

因为我们与这些恒星之间的距离很大，所以观察它们的时候，我们其实正在进行时间旅行，而不需借助威尔斯式的机器或者神秘博士的塔迪斯飞屋。天狼星（Sirius）是夜空中最明亮的恒星，它在一年中的数个月里都非常显眼。它的能量是太阳的26倍，距离地球8.6光年。它发出的光要经过8.6年才能到达地球，所以，如果我们在2007年观察它，实际上看到的是它在1999年的样子。

很多人（当然包括所有导航员）都能认出北极星。根据最新的测量，它距离我们大约400光年。我们现在看到的北极星的光是在大约1606年发出的。如果那里的天文学家配备了足够强大的望远镜，可以看到地球，那么他们看到的英格兰应正处于莎士比亚的时代。

发自参宿七现在刚到达我们这里的光，应该是在十字军东征的时代就开始了自己的旅程，从宇宙整体来看，这还算近的。现在，我们可以研究十分遥远的恒星，远到可以看到它们在地球诞生前发出的光。

这样的时间旅行对我们理解宇宙是必要的，我们实际上可以看到我们想理解的这个故事的大部分。举个例子，如果我们猜想星系在过去小得多，那么我们可以通过对它们进行观测来加以确认。通过观测远在60亿光年外的星系，来研究60亿年前我们的星系所栖息的那个宇宙。我们相信，那时我们的宇宙就是这个样子的。

◄ 罗伯特四重星系

这个紧凑的四个星系的组合距离我们1.6亿光年。除了美丽外，这样小的星系群是研究星系相互作用的绝佳对象。

➔ 回望大爆炸

向太空望去，我们是真正在回望过去。我们看到的来自太阳系中行星的光线是在几分钟之前发出的，但是当我们观察哈勃太空望远镜能够拍摄到的最遥远的星系时，我们看到的却是它们在120亿年前的样子。在这个示意图中，观察者从图片的底部向上看去。我们永远看不到大爆炸发出的光，但是我们知道它在何时发生，这一点可以坚信。在这幅图中，大爆炸位于离我们最远的顶部的点——那是时间开始的地方。

大爆炸，137亿年前。

不透明的宇宙，134亿年前。

黑暗时代。

最初的恒星和星系在132亿年前开始形成。

最遥远的可观测星系，光在127亿年前从那里发出。

我们看到的很多星系在这个时期形成。

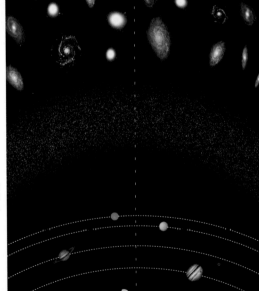

附近的星系，例如室女座星系团。光在5000万年前从那里发出。

最近的大星系是仙女座星系，距离地球250万光年。

最近的恒星——比邻星，距离地球4.3光年。

我们看到的木星大概是它1小时前的样子。

你在这里。

如果空间尺度超出了想象，那时间尺度同样令人吃惊。各类研究表明，地球的年龄大约是46亿年，它诞生于围绕年轻太阳旋转的尘埃和气体云中，人类只是这个故事中的新角色。为了弄明白这个，让我们来想象一下这样一个时间尺度，其中地球的年龄用1年来表示：地球诞生于1月1日的零点；最原始的生命出现在5月早期；鱼类直到11月中旬才演化出来；生命向陆地进军发生在11月的晚期；爬行动物在12月的前期统治了世界；恐龙在12月15日左右灭绝；同时哺乳动物小心翼翼地进入这个图景，但是到了12月31日的早上猿人才出现；人类的整个历史被压缩到这一年的最后一天的最后1小时。公元元年距现在还不到1分钟。

我们有理由对自己测量的距离和估算的地球年龄充满信心。正如我们所知，我们在估算宇宙的年龄方面取得了巨大的进步，最新值137亿年是相当准确的，只有很小的误差。然而，这引发了一个重要的问题。

一个不可规避的事实就是我们的存在。我们由原子和分子组成，这些物质必须被以这样或者那样的方式创造出来：要么它们一直存在，要么它们在某个时刻出现。这两种说法都不太容易让人接受。如果组成我们的物质一直存在，那么我们将不得不勾画一段没有开端的时期。如果它们是在137亿年前突然出现的，那么在那之前发生了什么？真的有"之前"吗？

数学上的答案是时间伴随宇宙开始，所以没有"之前"。这个可能在理论上是准确的，但它确实不能令人满意。在研究宇宙时，我们把时间当成第四个维度——我们坐在北纬50°、西经0.41°、海拔几米的地方写下这些东西。但是，为了发现我们，你还需要详细说明时间——在2006年下半年。

但是，这个简单的描述在天文学尺度上不再成立。比方说，在遥远的未来，天文学家希望能在地球和离太阳系最近的恒星——比邻星（Proxima Centauri）上同时进行一个实验，二者之间的距离是4光年多一点。没有信息可以比光传播得更快，但即便是在两个系统之间传送的光信号，也不足以让这个实验同步——所有的观测者都认同时间不是一个绝对的事情。

面对我们身边的不确定性，我们只能做出机智的猜测。这个可能听起来有些随意，但这正是基本的科学方法。为了解释观测到的事实，我们提出了某种理论。接下来，我们用理论来进行预测。这些预测可以通过新的观测来加以检验。如果预测被证实，我们就有了一个很好的理论；如果不是，则必须重新思考。在接下来的章节里，我们会使用目前最禁得住实验天文学仔细检验的理论，来构建关于宇宙历史的模型。

现在，我们回到问题的起点。

第一章
开端：在最开始

大爆炸后 10^{-43}—10^{-32} 秒

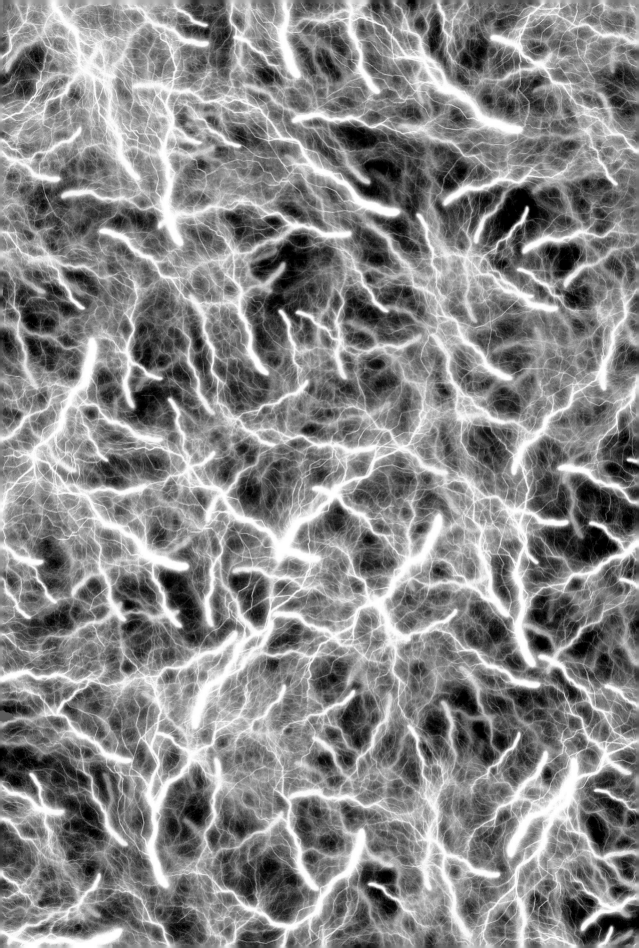

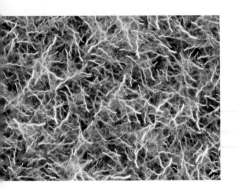

↑ 混沌宇宙

大爆炸后远小于 1 秒时的混沌的几乎是无穷小的宇宙。在这个示意图中，亮线代表不断产生又在相互碰撞后湮灭的短寿命粒子。

时间、空间和物质这所有的一切，都在大约137亿年前随着一次大爆炸而出现。接下来的宇宙是一个奇怪的地方——要多陌生有多陌生。宇宙中没有行星、恒星或者星系，只有混乱的基本粒子，这些粒子填满了宇宙。而且，整个宇宙比针刺还小，温度高得令人难以置信。一旦宇宙开始膨胀——从这个奇怪的、出乎意料的起点开始扩张，它便能演化成我们今天看到的样子。

现代科学尚不能描述或者解释在大爆炸发生后的最初10^{-43}秒内发生了什么。这个10^{-43}秒的时间间隔被称作普朗克时间（Planck Time），以德国科学家马克斯·卡尔·恩斯特·普朗克（Max Karl Ernst Planck）命名。他第一个引入了量子的概念，即能量不是连续的，而是以能量包或者量子的形式存在的，每一个都有特定的能量。量子理论是现代物理学许多内容的基础，用来描述极小尺度上的物理现象，它无疑是20世纪理论科学最伟大的两项成就之一。另一项是爱因斯坦的广义相对论，用来处理大尺度——天文学尺度上的物理问题。

尽管这两个理论在各自的领域内都被实验和观测结果极好地验证了，但在相互调和这两个理论时却出现了极大的麻烦。尤其是，它们看待时间的方式在本质上就不同。爱因斯坦的理论把时间当成一种坐标，因此时间是连续的，我们可以从一个时刻平滑地移动到另一个时刻。在量子理论中，普朗克时间代表了一种基本的限制——有意义的最小时间单元，也是理论上可以被测量到的最小单元。即使我们制造出了最精确的钟，也会看到它相当不规则地从一个普朗克时间跳到下一个。

尝试调和这两种截然不同的有关时间的观点是21世纪物理学最重大的挑战之一。弦论（String Theory）和膜理论（Membrane Theory）有望实现这个目标，但仍有很多工作要做。现在，在这个大爆炸发生后刚刚出现的又小、又热、又致密的宇宙中，量子物理理论占统治地位。因此，我们从宇宙创生之后10^{-43}秒时开始对它进行科学研究。

标准形式

10^{-43}是计数法的简便形式，也可以写成小数点后跟着42个0，然后是1个1。这足够精确，但是很笨拙（0.0000000000000000000000000000000000000000001）。为了处理在天文学中常见的难以置信地大和难以置信地小的数字，我们将在书中使用标准形式。例如，10^{33}是1后面跟着33个0，我们还可以把1000写作10^{3}，或者把0.001写作10^{-3}。

大爆炸是一个反直觉的想法。常识使我们似乎更容易接受一个稳定而无限的宇宙，但我们有可靠的科学依据去相信这样一个奇特的事件。如果我们接受大爆炸，那就有可能去追踪从最初的普朗克时间到今天的所有事件，发现我们自己在卡尔·萨根（Carl Sagan）所描述的"暗淡蓝点"（Pale Blue Dot）上。

时间的开端

让我们回看大爆炸刚发生后宇宙开始的那一刻。宇宙突然爆炸形成一片广阔的空间，这是很诱人的描述，但却是彻底的误导。大爆炸的真实图景是空间、物质以及最重要的时间从大爆炸中诞生。空间不是从"虚无"（nothingness）中出现的，在创世之前没有"虚无"。讨论大爆炸之前的时间也是没有意义的，因为时间尚未开始。即使是像莎士比亚或者爱因斯坦这样的人都不能用通俗易懂的语言解释这个，两个人的组合或许可以！

同样，今天我们探索宇宙的时候，去问大爆炸在哪里发生也是没有意义的。空间伴随着大爆炸而产生。因此，在最初极短的时间里，我们今天看到的宇宙是一个极小的区域，比一个原子核还要小。大爆炸发生在"各处"（everywhere），因此没有中心点。

关于这一点的一个很好的图示是一幅埃舍尔的名画，名字是略显平淡无奇的《空间立体分割》（*Cubic Space Division*）。想象一下站在这个网格内位于交叉点的任何一个立方体上，同时一根根杆把延伸的立方体连接在一起。从你的角度看，似乎所有的东西都在远离你，因此，一开始你可能会很自然地得出结论：认为

◄ 立体空间分割

荷兰艺术家 M.C. 埃舍尔（M. C. Escher）在 1952 年创作了这幅版画。埃舍尔于 1898 年出生于荷兰。1956 年，美国《时代》杂志评论了他的首次重要展览，此后他的作品在国际上获得了极大声誉。数学家们意识到埃舍尔的作品为他们抽象的原理提供了令人惊奇的可视化图像。

自己处在一个特殊的位置——扩张的中心。但是，仔细想想，你就会意识到，其实无论在网格里的哪一点，扩张看起来都一样，根本没有所谓的中心。宇宙的情况与此类似：每一团星系似乎都在离我们而去，在遥远星球上的观察者也可能会产生错觉，得出自己在扩张中心的结论。

另一个常被提及、乍一看似乎还挺合理的问题是"宇宙有多大？"这又是一个大难题，它似乎有两种可能的答案：宇宙或者是有限大，或者是无限大。如果是有限大，那宇宙的外面是什么？这个问题其实没有意义——空间只存在于宇宙中，因此按字面意思就没有"外面"一说。另一个答案说宇宙是无限大，实际上是说它的大小无法确定。我们不能用日常用语来解释无限，爱因斯坦也不能。（我们知道这个，因为帕特里克问过他！）

还要记住，我们要把时间当成一种坐标。换句话说，我们不能简单地问"宇宙有多大"，因为答案会随着时间改变。我们可以问"现在的宇宙有多大"，但正如我们稍后会看到的那样：相对论的一个结果就是，不可能把一个时刻定义为"现在"，而使之在整个宇宙中具有相同的意义。

设想一个有限大小的宇宙会立刻让我们想到边界。如果旅行得足够远，我们会撞上一个砖墙吗？答案是不会——宇宙被数学家称为"有限而无界"。一个贴切的类比就是一只蚂蚁在一个球上爬。如果在球弯曲的表面沿着一个方向一直爬行，那么蚂蚁就永远都不会遇到障碍，因此可以走过无限的距离。这是因为即便球的大小是有限的，蚂蚁也完全不会察觉到。相似地，如果我们搭乘一艘强大的太空飞船，沿着自认为的直线出发，那么将永远不会到达宇宙的边缘——但这并不意味着宇宙是无限的。我们稍后就会看到，空间也可以被看成是弯曲的。

所以，我们只讨论可用科学解释的问题，即可通过观测比较来验证的有意义的问题。我们可以确定地说，可观测宇宙（光线可以到达我们的那部分宇宙）的大小是有限的。因为根据我们目前的最佳估测，宇宙的年龄只有137亿年，可观测宇宙的边缘的光线刚刚到达我们这里，那里正好距离我们137亿光年，而且以每年1光年的速率在膨胀。事实上，正如后面就会清楚的那样，有很多原因使我们永远不会看得那么远。可以确定的是，宇宙的大小一定比我们可见的部分更大。

➤ 宇宙中的大尺度结构

这个巨大的星系团（AC 03627）距离我们2.5亿光年。如果我们的视线能避开银河系和周围星系的气体和尘埃的影响，那么这是我们在每个方向上都能看到的典型景象。这样的星系团是宇宙中通过相互之间的引力聚集在一起的最大物体。

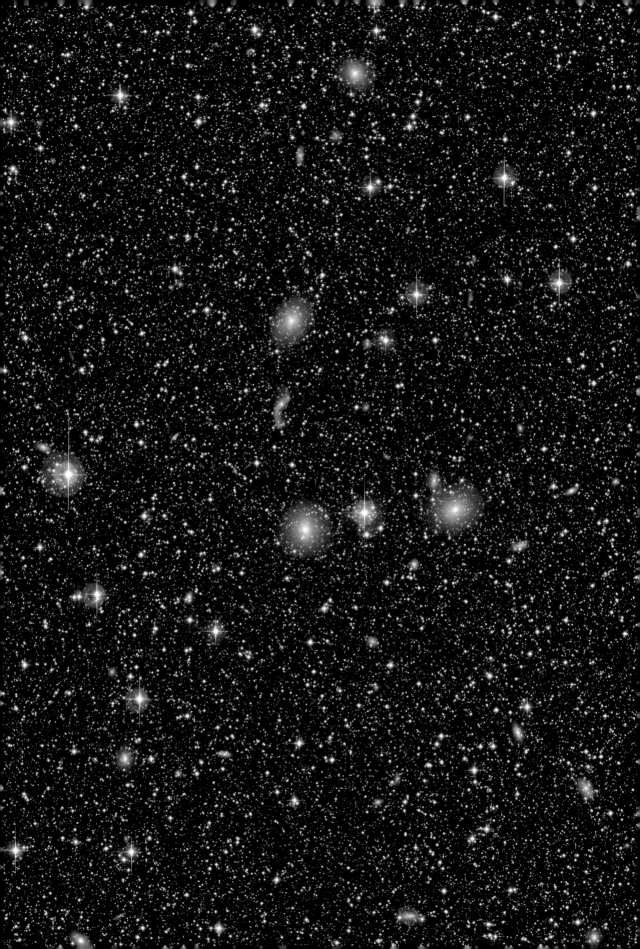

宇宙的尺度

　　说一个物体在137亿光年以外当然没问题，但是我们能真正理解宇宙的尺度吗？充分理解伦敦和纽约之间的距离，甚至是地球和月球之间的距离——大约38万千米——是可能的，这大约是地球周长的10倍。许多人一生中搭乘飞机飞行的距离比这个还要远。但是，你如何真正理解日地之间的距离1.5亿千米呢？最近的恒星在4.2光年以外，我们更难以理解这个距离。星系要比这个远得多：即便是银河系最近的邻居——仙女座星系，也距离银河系超过200万光年。

　　另一方面，想看到不能通过任何普通显微镜看到的单独原子也同样困难。据说，从大小上看，一个人的大小差不多是在一个原子和一颗恒星之间。有趣的是，这也是物理学变得最为复杂的区域。在原子尺度上，我们有量子力学；在大尺度上，我们有相对论。在两种极端尺度之间，我们不知道如何把这些理论结合起来，这是显而易见的。牛津大学科学家罗杰·彭罗斯（Roger Penrose）笃信，我们对基础物理的理解所缺失的，同样也是我们对意识的理解所缺失的。当一个人思考人择原理——为了让我们能够在这里观察它，宇宙必定是这样时，这些观点很重要。另一个有用的问题是：宇宙中有多少个原子？一个估计值是这个数量可达 10^{79}，也就是说1后面跟着79个0。

↓ 从不可见到无穷大

我们现在可以在极端尺度上研究物体。人类的大小在 1～2 个 10^0（也就是1）米之间。如果我们测量地球的大小，那则是几个 10^6（也就是100万）米。我们认识的范围是从构成原子的基本粒子夸克的大小 10^{-15} 米，一直到整个可观测宇宙的尺度 10^{25} 米。

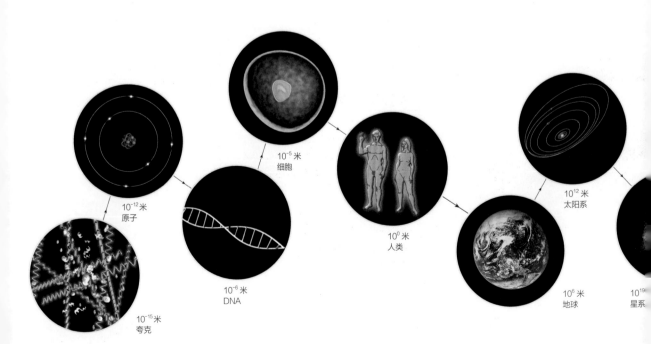

10^{-12} 米
原子

10^{-15} 米
夸克

10^{-6} 米
DNA

10^{-5} 米
细胞

10^0 米
人类

10^6 米
地球

10^{12} 米
太阳系

10^{19}
星系

通常，我们认为原子由三种更基本的粒子组成：质子（带单位正电荷）、中子（不带电）和质量小得多的电子（带单位负电荷）。顺便说一句，在原子层面上定义"电荷是什么"是很不容易的。把电荷当成粒子的一种性质，就像是大小和质量一样。电荷总是以固定大小出现，我们称之为单位电荷。

在经典理论中，这些粒子被认为像一个微型的太阳系，电子绕着中间由质子和中子组成的原子核旋转。原子核带正电荷，与绕核旋转的电子所带负电荷的总量严格相抵。在我们的太阳系中，引力使行星保持在环绕太阳的轨道上；但在原子中，是带负电荷的电子和带正电荷的原子核之间的吸引力使电子保持在轨道上的。

顺便提一下，我们应该注意到这个简单的描述可以解释基础化学中的大部分内容，比如说，为什么原子的外层电子容易发生化学反应。这是因为它们离原子核较远，受到的吸引力也弱。最简单的原子——氢原子，原子核中有一个质子，核外有一个绕其旋转的电子，整个原子呈电中性：$1+(-1)=0$。所有原子都含有相同数量的电子和质子。每种元素的质子（或电子）的数量都是唯一的，称作原子序数。例如，氦原子有2个质子和2个电子，其原子序数是2，而碳原子的原子序数是6。重元素含有更多的质子和电子。铀是地球上最重的自然元素，其原子序数是92。

这种把质子和中子看成实体粒子的观点盛行于20世纪早期，但是今天事情变得不那么明朗了。我们只有认为它们是由波而非粒子组成的，才能解释极小系统的很多奇怪的现象。这个理论被称作波粒二象性。另外，实验已经表明电子似乎是不可再分的，但质子和中子实际上不是最基本的粒子，它们可以被分成更小的粒子——夸克，夸克现在被认为是最基本的粒子。没有人看见过夸克，但是我们知道它们一定存在，因为它们已经在粒子加速器中被探测到了。粒子加速器能以极高的速度击碎质子。在这些实验中，科学家们观察到质子被打碎，因此他们得出结论：质子不可能是最基本的粒子。自然界厌恶单独裸露的夸克，它们似乎只能成对或成三一起出现。

↑ 原子层

硅化铁晶体表面原子层的显微镜图像。最小的一阶只有一个原子的厚度。

↓ 经典原子

这是尼尔斯·玻尔（Niels Bohr）在1913年提出的最简单的原子模型。这个模型包含一个由中子（蓝色）和质子（红色）组成的原子核，电子环绕原子核，就像行星围绕太阳运行一样。尽管量子力学的出现描绘了一幅不同的原子图景，用模糊的"概率密度"取代了球状粒子，但是玻尔的经典模型今天依然有用。

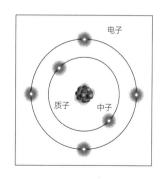

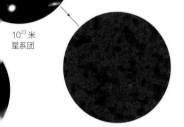

10^{23} 米
星系团

10^{25} 米
宇宙

自然之力

夸克的这个性质源于把夸克束缚在一起的力的不寻常的性质，这种力被称作强核力不是没有原因的。这种力只在非常小的尺度上占主导地位，这也解释了为什么我们需要如此强大的粒子加速器才能把质子分开。不像我们在较大尺度上熟悉的力，比如引力或者异种电荷之间的吸引力，强核力随着距离的增大而增加。换句话说，如果我们把两个夸克分开，那么随着分开距离的增大，它们之间的拉力也会增大。最终，当夸克彼此分开后，我们发现在把它们拉开的过程中产生的能量如此之大，以至于能量可转化成质量，两个额外的夸克产生了。突然间，我们有了两对夸克，而不是我们尝试分离得到的单独的夸克。这个过程意味着，没有实验能创造出孤立的夸克。在宇宙中，它们以其他粒子的组成成分的形式存在，比如质子和中子各含有三个夸克。

在大爆炸刚刚发生的温度极高的宇宙中，夸克有足够的能量可以自由地运动，因此通过在最大尺度上理解宇宙的故事，我们可以更好地理解在最小尺度上的粒子。在早期宇宙中，每个粒子的能量远超我们的粒子加速器可以达到的能量范围，甚至一个太阳系大小的加速器也无法产生如此高能的粒子。

值得注意的是，目前，我们借助粒子物理研究小尺度问题，借助宇宙学研究大尺度问题，两者是紧密相关的。理解整个宇宙，我们要依赖对基本粒子的理解，而对基本粒子理论最好的测试正是发生在胚胎期的宇宙中的。一个充满高能基本粒子的炽热的空间是我们能想象的新生宇宙的最早图像。

▼ 捕捉夸克

在纽约的布鲁克海文国家实验室，令原子核束以接近光速的速度撞击到一起。碰撞结果是产生了夸克－胶子等离子体，这种物质的状态被认为存在于大爆炸发生之后一千万分之一秒的时间里。这幅令人印象深刻的看起来像是人眼的图片，展示了一次撞击产生的大约 1000 个粒子的轨迹。这实际上是一个截面，因为粒子是向各个方向飞出的。

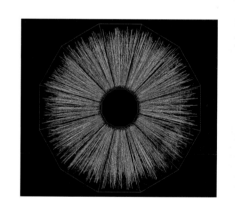

仙女座星系（M31）

⁀我们星系的前景恒星，我们看
⁀距离我们最近的包含 2000 亿
⁀星的大型邻居的全貌。仙女座
⁀距离我们 250 万光年，是肉
⁀见的较为遥远的天体之一。

更大更冷

从最初的普朗克时间开始，这个微小和炽热得令人难以置信的宇宙开始膨胀，同时开始冷却下来。宇宙是酷热的夸克海洋，其中的每一个夸克都有巨大的能量，并且以极高的速度运动。结果就是，不会有我们今天看到的这些种类的原子或分子存在，因为这些复杂的结构无法从极高温的破坏中幸存下来。夸克的能量太高，无法被捕获并禁闭在质子或中子中。相反，它们可以在婴儿期的宇宙中自由飞行，直到撞上其他夸克。和夸克一样，早期亚原子粒子汤中还包括反夸克——夸克的双胞胎兄弟，除了带有相反的电荷，其他都和夸克一样。现在，人们普遍认为每个粒子都有和它对应的反粒子，除了电荷正负相反外，其他所有方面都一样。对应电子的反粒子是正电子，它带一个正电荷，其他性质同电子完全一样。反物质的概念在科幻小说中很常见，它是无数极为先进的星舰发动机的基础。反粒子和粒子碰撞时会湮灭，同时释放出大量能量——这已经被实验所证实。在原始宇宙中，当一个夸克与一个反夸克相遇时，二者都会消失，并释放出辐射。相反的过程也在发生，足够高能的辐射（肯定是在宇宙演化的早期阶段才能发现的能量）可

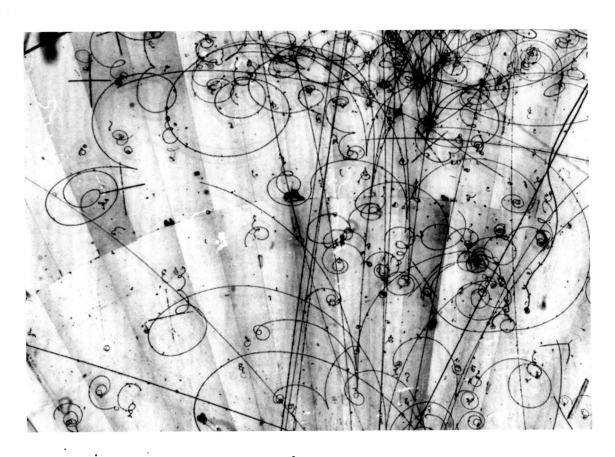

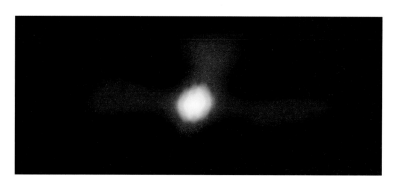

← 反物质云

这幅银河系中心的 γ 射线图像被认为展示了正反物质粒子——电子和正电子——相互碰撞、湮灭并且释放出巨大能量的过程。这也表明了以正电子形态存在的反物质正从银河系中心流出。

以自发产生粒子对，包含一个粒子和它的反粒子。这个时期的宇宙中充满了辐射，辐射产生粒子对，这些粒子彼此碰撞之后又会消失，把它们的能量返还给背景辐射。

在最初的 1 微秒（只是 10^{37} 个普朗克时间）后，宇宙继续膨胀和冷却。当温度降到大约 10^{13}℃这样一个临界值以下时，夸克的速度会降得足够慢，使得它们可以被相互之间的吸引力（强核力）捕获。三个夸克一组，聚集起来形成我们熟悉的质子和中子（统称为重子），反之，反夸克聚集起来形成反质子和反中子（反重子）。如果重子和反重子的数量相等，那最有可能的结果就是发生在它们之间的碰撞将会导致完全的湮灭。辐射中剩下的能量将会随着宇宙的膨胀而不断被稀释，新的粒子对将不再产生，宇宙中的物质也不会幸存到今天。

事实上，是一开始就存在的极微弱的不平衡拯救了物质，并使得我们能在这里思考在遥远的过去发生了什么。出于我们尚不得而知的原因，十亿个反重子对应十亿零一个重子，因此当大混乱结束的时候，几乎所有的反重子都消失了，残余的质子和中子组成了今天的原子核。

宇宙阴谋

让我们暂时回到现在。如果有两个位于相反方向的星系，它们都距离我们 90 亿光年，那么它们之间的距离是 180 亿光年。大体上说，两个星系所处的宇宙区域在最大尺度上看起来是一样的。其中一个可能位于星团的中心深处，就像我们附近的室女座星系团，另一个则可能更加孤立一些。但是，在第一个星系附近会有孤立的星系，在第二个星系附近就不可避免地会有星系团。每个区域都可能会包含相同比例的同样类型的星系，甚至这两者本地区域的温度都可能是一样的。

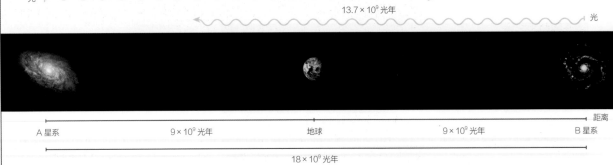

图中标注：
13.7 × 10⁹ 光年
光
13.7 × 10⁹ 光年
光
A 星系　9 × 10⁹ 光年　地球　9 × 10⁹ 光年　B 星系
距离
18 × 10⁹ 光年

宇宙阴谋

虽然我们能够看到位于天空中相反方向上的遥远星系 A 和 B，但是它们彼此看不到。在从大爆炸开始的整个时间里，光还没有时间在二者之间穿行。

这就构成了一个被称作宇宙阴谋（Cosmic Conspiracy）的问题。宇宙不到180亿岁（记住最佳的估计值是137亿年），因此光线没有足够的时间横跨这两个星系，相对论认为光速是宇宙中最快的。如果光都没有时间穿过两个区域之间的空间，那么其他的东西也做不到，所以没有东西可以从第一个区域到达第二个区域。两个区域之间的任何差别都不能被消除，因此宇宙在任何一个我们观察的方向上看起来高度一致就非常令人惊讶了。我们看到同样类型的星系以几乎相同的方式分布，这就被称作宇宙阴谋。

这为什么是个问题呢？宇宙在我们观察的各个方向上看起来一样不是很自然的吗？也许存在不为人知的定律支配了大爆炸的物理机制，保证了只有几乎均匀一致的宇宙才能产生出来。但是，我们没有任何物理线索可以预测这个，所以我们必须至少考虑这样一种可能性：宇宙开始时，不同区域存在极大的温差。例如，在早期宇宙中，一半宇宙的温度是另一半的两倍。这又是如何导致我们今天看到的这种均匀一致的呢？热量没有时间从宇宙中温暖的区域流向寒冷的区域，甚至没有时间以光速发一条消息。在这样的情况下，修正原始的不平衡似乎是不可能的。而实际上，相互远离、并不相连的区域却是相似的。

我们的两个星系现在相距甚远，但是在宇宙非常年轻的时候，宇宙要小得多。那时，相对方向的两个天体有可能彼此接触并交换热量，产生今天看到的均匀性。因此，现在的问题是，在早期阶段，宇宙有多大。出人意料的是，这个问题似乎很好回答。

到目前为止，在我们已经讨论的各种力中，只有一种可以作用在天文距离上，那就是引力。本质上它是一种吸引力，能把物质拉到一起。引力将使膨胀速率变小。我们可以尝试从现在开始回溯，以确定宇宙的大小如何随着时间变化——我们发现宇宙阴谋在早期宇宙也存在。换句话说，宇宙从未小到过能使光线从一

这是距离地球 120 亿光年的星系。在哈勃北天深场和南天深场可见的最遥远的星系之间的距离是巨大的，以至于在宇宙 137 亿年的历史中，光没有时间走完二者之间一半的距离。但是，它们看起来很相似，就像看到自己所在的宇宙一样。这是宇宙阴谋的一个明显的例子。

边来到另一边，也就是从未小到可以使温度的差异被抹平。以上结论是以引力是唯一影响膨胀速率的力为前提推出的。只有放弃这个前提，我们才能解决宇宙阴谋问题。

疯狂的暴胀

目前流行的解决方案在某种程度上增加了大爆炸理论的复杂性。大多数宇宙学家相信在大爆炸之后 $10^{-35} \sim 10^{-32}$ 秒之间，存在一段极短的急速膨胀期，它被称作"暴胀"。在这期间，宇宙的大小暴增了数十亿倍。在暴胀期结束时，膨胀跌落到一个相对稳定的速率，与今天的观测结果一致。

如果没有暴胀时期，那么我们看到的相对两侧的宇宙区域将既没有时间交换热量，也不能安定下来达到理想的平衡。这个快速膨胀使我们可以相信宇宙最初要小得多，并在加速膨胀前达到了均匀的温度。任何剩余的微小差异都在尺度的巨大增加中被抹平了。这是因为：令人惊讶地快速暴胀的另一个结果是，我们观测的宇宙区域只是整个宇宙的非常小的一部分。换句话说，我们只是在关注我们附近的区域内的变化，而这注定是很局限的。举一个更加日常的例子，从珠穆朗玛峰的峰顶到最深的海沟的底部，我们看到地球在高度上有巨大的差异。暴胀的等效结果就是把你脚下的土地放大到整个地球的大小（或者等价地把我们缩小到比最小的病毒还要小得多的尺寸）。这样，我们能够到达和探索的高度差异就注定微乎其微了。暴胀对宇宙的温度起伏产生的影响与此相同。

➤ 暴胀

左侧的示意图展示了暴胀的影响，与之比较的是右侧没有经历过暴胀的宇宙。当宇宙膨胀的时候，星系相互远离。如果发生了暴胀，那么宇宙在大爆炸之后就会比之前小，但是今天却大得多。

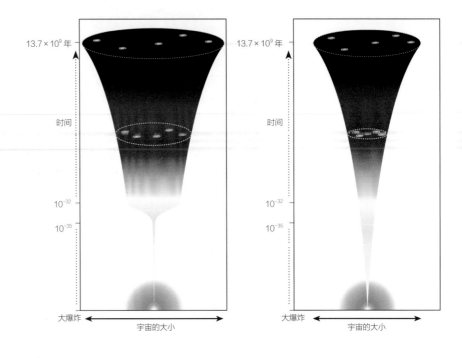

但是，为什么婴儿宇宙在膨胀速度上会激增呢？看来有必要引入一种新的作用效果与引力相反的力，以解释巨大的加速。科学家已经开始细致研究这样一种力会有怎样的性质，不过似乎没有明确的解释。据我们所知，在暴胀发生之前，宇宙环境没有什么特别之处，因此这种加速力的出现和突然消失看起来多少有些随意，但至少它使我们能够去处理宇宙阴谋的问题。

引入暴胀还能为我们解决其他问题吗？暴胀还能解释两个其他理论无法解释的宇宙特征。首先，根据粒子物理的标准理论，一种被称作磁单极子（monopole）的特定类型的粒子，应该偶尔会在探测器中现身。但实际上，我们从来没有探测到这种粒子，这就需要某种解释。暴胀理论认为这些粒子浓度太低，所以，我们没发现它们也不足为奇。但如果大爆炸创造了100万亿个这种粒了，我们却一个都没探测到，这也是令人感到惊讶的。但是，如果同样数量的磁单极子在一个比暴胀之前要大数十亿倍的宇宙中散播，那么在整个可观测宇宙中一个都没有被探测到也是有可能的。暴胀的速度是如此之快，即便作用时间很短，它也能产生一个比传统的大爆炸理论预测的宇宙要大得多的宇宙。暴胀为这种失踪的粒子提供了一种解释：它们只是被稀释掉了。

生活在平坦的宇宙中

　　还有一个论据能支持确实存在看似疯狂的暴胀，而且它也许是最有说服力的一个。这涉及宇宙的几何学。大部分人对我们在学校里学习的欧几里得几何都很熟悉，虽然也许有时候是不情愿地学习。我们被告知三角形的三个内角和是180°。但事情并不总是这样，例如，在球的表面，三个内角相加可以大于180°。考虑从北极点画一条线，沿着格林尼治子午线到达赤道，接着沿着赤道向东，这里转了一个90°的角。如果我们沿着穿过俄罗斯的经线回到北极画出这个三角形，那么我们就又转了一个90°的角。90°+90°=180°，而且我们还要加上两条经线之间的顶角的度数。因此，欧几里得几何学只适用于平面。

　　那么宇宙采用的是哪种形式的几何学呢？事情有点复杂，因为我们处理的是一个四维空间（三个熟悉的空间维度再加上时间）而非二维平面。我们来考虑最大的尺度，并忽略由物质引起的局域畸变。宇宙有无数种可能的几何学，我们的宇宙却似乎被精心调整过，从而选择了一个特殊的类型。观测显示（参见第二章中的宇宙微波背景辐射），我们生活在一个平坦的宇宙中，欧几里得几何学在最大尺度上同样适用。为什么会这样？要获得一个平坦的宇宙，宇宙中物质的量必须是一个精确的值，误差要控制在几个原子之间。换句话说，假使宇宙中多几个原子或者少几个原子，我们都不会生活在一个平坦的宇宙中。

　　再说一次，我们的观测固然可以归结于支配大爆炸的早期物理学的一些特征，可暴胀提供了一个更令人满意的替代方案，原因是暴胀给出了一个比简单的大爆炸理论所预言的大得多的宇宙。

　　让我们用一个三维的类比来帮助我们理解四维空间。任何一个站在保龄球上的人，在掉下来的时候都会很快发现这是一个球面。那么，对于一个更大的球面呢？比如，我们每天快乐地站在其上的地球。即便不是一目了然，我们也还是很容易就能够推断出我们站在一个弯曲的表面上。与流行的观点相反，人们在古希腊时期就认识到了地球是一个球体（他们甚至成功地测量出了地球的直径），观察到船消失在地平线就能看出地球表面是弯曲的。现在，设想一下站在一个比地球大上万亿倍的球体的表面。所有的实验都会表明我们真的是在一个平面上。球面的曲率太小，无法测量——我们的船将永远到达不了地平线。

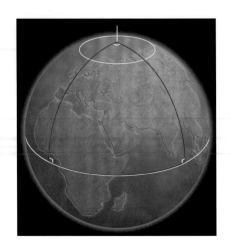

↑ 球面几何学

在我们学习的欧几里得几何学中，三角形的内角和永远都是180°。但是在球面上的三角形，内角和可以大于180°。地球表面的这个三角形有3个直角，内角和为270°。

暴胀之后

经历过暴胀的宇宙就像上面最后提到的球面。宇宙在暴胀后变得极其巨大，我们的可观测宇宙只是其中非常微小的一部分，所以我们测量的只是它的局部性质。准确地说，我们可以看到的那部分宇宙是平坦的。在这个如此巨大的宇宙中，我们对超出观察范围的宇宙的几何学一无所知。不过，不管宇宙会有多少种可能的几何学，暴胀都解释了为什么我们测量的宇宙是平坦的。

这三个问题都被暴胀理论巧妙地解决了，尽管代价是引入了这种谜一般的、短暂的加速，而我们却仍然对此知之甚少。也许，当我们更好地理解大爆炸的时候，就会有另一个答案，但目前来看，暴胀似乎是一个很不错的解释。

在暴胀之后，宇宙以一个较低的速率继续膨胀和冷却。大爆炸之后大约3秒，温度降低到大约10^9K（–273.15℃ = 0K）。此时，宇宙中大约3/4的物质是氢，其他几乎都是氦。氦原子有2个电子，绕着由2个质子和2个中子组成的原子核旋转。

大爆炸理论预言，每10个质子或者说氢核就会产生1个氦核。而今天，氢原子与氦原子的比例仍是10比1。这也许是对大爆炸理论最为简洁也最为有力的验证。恒星把氢转化成氦，所以我们可以预计氦的比例会提高。如果在宇宙中的任何一个地方观

温度

在日常生活中，我们最常使用摄氏温标来测量温度，它以水的凝固点和沸点为基准。但是，在科学研究中，温度的定义则不同，它是基于原子和分子运动的速度（速度越快，温度越高）做出的。

把温度计插入液体中，我们实际上测量的是液体中的分子与温度计碰撞的激烈程度，也就是它们的运动有多快。这种温度的定义引出了一些违背直觉的结果。比如一根烟花棒和一根炽热的拨火棍：烟花的每个火星都是白热的，但是质量极小，因此握着烟花棒的柄是很安全的。但是，绝大部分人会拒绝抓住一根炽热的拨火棍，即使它的温度要比烟花火星的温度低得多。

另一个例子是珍珠白的日冕，它是太阳的外层大气，在日全食期间肉眼可见。我们看到的太阳表面的温度在6000℃左右，日冕的温度在10^6℃左右。但是，日冕非常稀薄，因此一艘宇宙飞船飞过日冕并且幸存下来是完全有可能的，因为没有足够多的高温物质来大幅加热飞船。

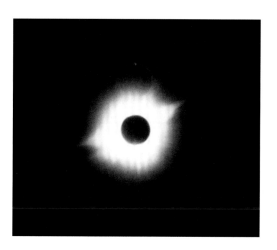

测到了一个孤立的天体，其氦的比例低于预期，那么我们就不得不重新思考我们的理论。不过，到目前为止，还没有发现这样的天体。

所以，我们相信大爆炸理论吗？它的主要竞争对手——稳态理论现在似乎已经彻底失败。现在，大爆炸理论独自占据了舞台。我们必须记住，理论是无法被证明的，我们可以做的就是确保它同已有的所有证据相吻合。带有暴胀的大爆炸理论似乎满足这个要求。但是，任何时刻的新发现都可能暴露这个理论的致命缺陷。然而，在一个新的牛顿或者爱因斯坦想出更好的理论之前，我们还是要接受大爆炸理论。

原子运动的速度越慢，温度就越低。当温度降低到大约-273℃时，运动会完全停止。这个温度不能再降低，我们到达了绝对零度，这是可能的最低温度。在实验室里从来没有（也永远不会）达到过这个温度，尽管我们已经努力地让温度无比接近它。达到这个温度时，物质将会表现出一些极为奇异的性质。

以开尔文勋爵（Lord Kelvin）命名的开氏温标，从绝对零度（0K）开始。开氏温标中的每一度代表的温差和摄氏温标是一样的。把开氏温度转换成摄氏温度，就是减去273；把摄氏温度转换成开氏温度，就是加上273。所以，3K=-270℃。

开氏温标的好处是我们不需要处理负数，而且它的零点是固定的，不像水的沸点和凝固点一样取决于压力。

第二章
要有光

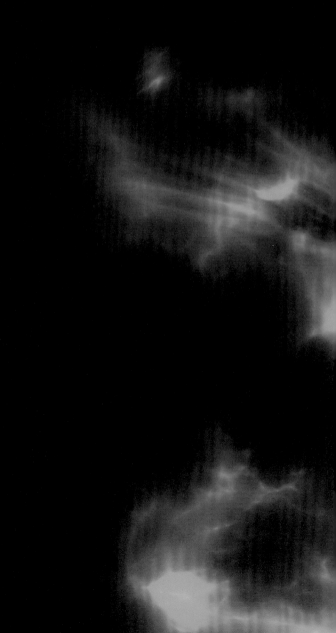

大爆炸后 30 万—7 亿年

↑ 最初的恒星

最初的恒星被认为质量极大。每个原星系中只要有 1 ～ 2 颗就能有足够的能量导致环境的显著改变，为形成太阳这样的普通恒星铺平道路。

在剧烈暴胀之后的 30 万年里，宇宙演化没有什么重大的进展。控制宇宙演化的物理条件也已稳定。宇宙变成了一个不那么激烈的地方。随着温度降低，质子和中子开始减速。然而，正如我们将要看到的，辐射和物质还没有分开。从我们的角度来看，这个时期的宇宙和我们今天看到的宇宙之间最大的不同是极早期的宇宙是完全不透明的。

电磁波，包括可见光，可以被看成是一束光子，也是质量为零、始终以 30 万千米 / 秒的速度运动的粒子。在量子力学（也许是现代科学中被检验得最好的理论）的奇异世界里，我们不再清楚地区分"波"和"粒子"，而是将物质看作介于两者中间的形式，也就是具有波粒二象性。就像通常被认为是实体粒子的电子和质子一样，光有时表现得像是粒子——光子，有时则表现得像是波。

每个光子都携带一定的能量，能量的大小由光的颜色决定，因此可以说电磁辐射是"光子流"。让我们现在追踪其中一个光子的轨迹，它也许是极早期宇宙中由一个质子和一个反质子撞击释放出来的。在如此拥挤的环境中，没有光子在撞击并被一个电子吸收从而获得能量之前可以传播得很远。最终，光子可能会被再次释放，但是几乎不会和来时的方向相同。这个过程不断重复，光子的速度不会太快。

但是，在大爆炸发生后大约 30 万年，当宇宙冷却到仅仅只有 3000℃ 的时候，一个突然的变化发生了。在组成原子的粒子里，电子的质量最轻，速度最快。在这个临界时刻到来之前，电子运动的速度太快，以至于不能被更重的原子核捕获。但是，在温度降低到 3000℃ 的时候，它们就逃脱不了了。第一个中性原子就这样诞生了。在原子的尺度上观察，被捕获的电子远远地环绕原子核（毕竟原子大部分都是空的），但是与原子间的距离相比，电子与原子核的距离很近。新形成的原子之间的空间非常大，光子突然可以自由地长距离运动了。换句话说，物质和辐射分开了。大爆炸发生 30 万年后，宇宙变得透明了。

↓ 电磁波谱

我们能够实际看到的光，也就是频谱中的可见部分（彩虹色），只是整个电磁波谱中非常小的一部分。在过去 70 年间，天文学家一直在横跨波谱的所有波段上收集信息。

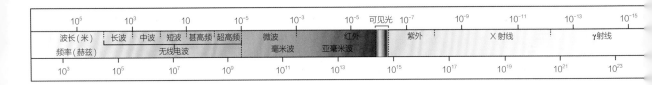

波长（米）	10^5	10^3	10			10^{-5}		10^{-3}		10^{-5}	可见光	10^{-7}		10^{-9}		10^{-11}		10^{-13}		10^{-15}
		长波	中波	短波	甚高频	超高频		微波			红外		紫外			X 射线			γ 射线	
频率（赫兹）			无线电波					毫米波	亚毫米波											
	10^3		10^5		10^7		10^9		10^{11}		10^{13}		10^{15}		10^{17}		10^{19}		10^{21}	10^{23}

↑ 微波的天空

在这幅微波波段的全天图中，不同颜色显示了134亿年前的温度涨落。这些涨落对应最终形成星系的"种子"。红色代表温度相对高的区域，蓝色和黑色代表温度相对低的区域。这幅图像根据由威尔金森微波各向异性探测器（Wilkinson Microwave Anisotropy Probe，缩写WMAP）获得的数据绘制而成。

大爆炸的回声

原子核捕获电子的过程对宇宙的温度异常敏感，宇宙的温度一降到临界值以下，这个过程就会以相当快的速率发生。宇宙的温度在整个空间延伸范围内都是精确一致的（记住，感谢暴胀），这意味着这个过程在整个宇宙中几乎同时发生。结果就是，光可以在宇宙中不受阻碍地穿行。因此，在超过130亿年后，我们仍然可以看到宇宙演化过程中这一特殊时刻的快照。回溯过去某个特定时刻的能力是天文学所独有的。通常，当我们试着去观察遥远的宇宙的时候，我们的视线会被附近发光的星系遮挡。宇宙变得透明后，这个神奇的事件现在可以不受遮挡地被观测到，我们把它叫作宇宙微波背景。

不管是有意还是无意，很多读者都观察过伴随大爆炸诞生的"火球"在熄火时的微弱回声。从电视上拔掉大线或者调到没有信号的频道，就会看到雪花屏，这个信号中的1%就来自宇宙微波背景。在发出130亿年后，它仍然能够干扰你的电视信号。

现在，这个背景辐射的频率与一个平均温度为2.7K的发射器的频率一样。如果这个辐射真的是大爆炸的回声，那么温度为什么会这么低？道理很简单：辐射是在宇宙温度为3000℃的时候发出的，当辐射传向我们的时候，它所穿行的空间在持续膨胀，让光的波长越来越长，进而让表观温度越来越低。这是我们第一次遇到这种被叫作红移的重要现象。

宇宙微波背景的发现给大爆炸理论的若干预言提供了强有力的支持。例如,发出的辐射符合对黑体的预言。黑体是一种假想的物体,可吸收所有外来的辐射。黑体受热后会发出辐射,能谱上任一特定波长的光的强度都只取决于温度。在实际应用中,这可以告诉我们一些关于发射体性质的信息,例如这个天体应该不受外界的影响。在大爆炸和30万年后的透明期之间的那个炽热、致密、不透明的宇宙正是这样一个发射体。理论和观测极为符合:在大多数的数据曲线上,表示预测值的线的宽度均大于测量的不确定性。这在科学上是很罕见的情况,在观测天文学中更是独一无二的。

起初,辐射似乎是绝对各向同性的,也就是在各个方向上没有差异。即使是在扣除由我们自己的星系发出的微波的前景辉光后,在宇宙微波背景上较亮的天区也和其他部分看起来一样。但是,我们今天看到的宇宙是"结块的",相对致密的星系之间的距离十分遥远。这些星系聚集成星系团,星系团又

红移

我们要把光当成一种波来考虑。当这种观点被首次提出的时候,就引起了巨大的争议——如果光是一种波,那它在什么介质中传播?毕竟,声波依靠空气来传播,水波也不能独立于水而存在。很多人相信存在一种叫作以太的基本物质,光就在无处不在的以太中传播。但是在 19 世纪末和 20 世纪初,人们意识到光可以不借助周围介质而自行传播。

如果光是一种波,那么它就有波长。波长决定了光的颜色和能量。例如,红光的波长比绿光的长而红光的能量比绿光的低,绿光的波长比蓝光的长而绿光的能量比蓝光的低。红外线是一种波

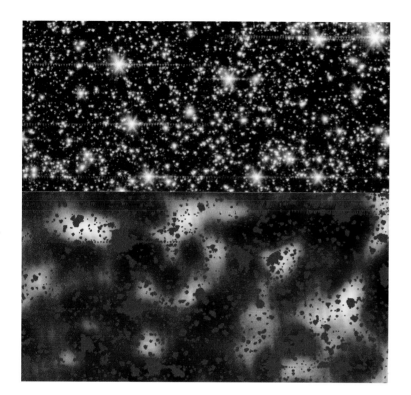

← **红外波段的天空**

上图展示了斯皮策太空望远镜在红外波段拍摄的长曝光图像，下图是除去已经确认的前景源后的余光。最近有科学家认为，剩余的光线中包含了最初的恒星发出的紫外线，它们因为宇宙膨胀现在已经移动到了频谱的红外部分。如果这种说法得到确认，那么这将成为天文学的一张标志性图片。

聚集成超星系团。这些超星系团彼此之间被巨大的空间隔开，现在一些研究开始详细地观测这些空间，比如2度视场巡天（Anglo–Australian Two Degree Field，2dF Survey）和斯隆深度巡天（Sloan Deep Sky Survey），已延伸到了距离地球10亿光年的地方。无论我们用哪种方式来描绘从这些观测中得到的宇宙图景，宇宙都不是各向同性的，因此一定是有什么东西弄错了。看起来各向同性的早期宇宙中的某处一定藏着我们今天看到的结构的"种子"。

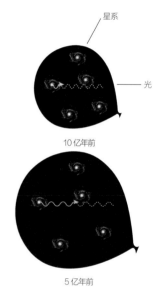

星系

光

10亿年前

5亿年前

长比我们能够看见的红光还要长的辐射波，而无线电波的波长更长。在短波长这一端，有紫外线，接下来是X射线和γ射线。宇宙微波背景自从被发射到今天被我们探测到，一直在一个膨胀的宇宙里向我们行进。这个膨胀不是物体之间彼此远离，而是空间自身的膨胀。当空间膨胀的时候，它拉伸了在其中穿行的光，增加了光的波长。蓝光先变成绿光，接着是红光，再接着是红外线，我们就说光线发生了红移。这个过程可以被形象地表示为一个膨胀的气球（右图）。在气球表面的所有东西彼此远离。因此，宇宙微波背景虽然在发射时位于频谱中能量较高的区域，但是现在却主要以低能量的微波形式被探测到。

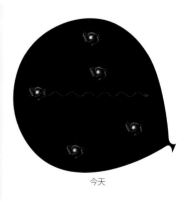

今天

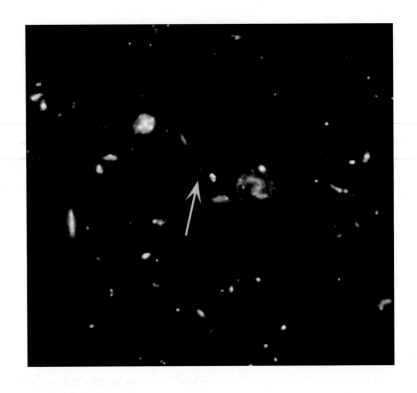

宇宙背景辐射是天体物理学中被研究得最多的现象，我们从中了解甚多。它标记了宇宙最早期结构的图景。最近一项对宇宙微波背景更详细的研究表明，温度波动不超过万分之一摄氏度。虽然波动很小，但却是我们今天宇宙结构的早期"种子"。通过测量温度来测量密度波动，听起来有些奇怪，但有它的理由。正如宇宙背景探测者（COsmic Background Explorer，缩写为COBE）卫星显示的那样，物质在宇宙微波背景辐射发出时并不是绝对均匀的。密度高于平均值的区域通过引力吸引了更多的物质。这种挤压轻微地加热了这些区域，我们探测和测量的正是这些波动。

如果没有任何涨落给引力提供用武之地，那么从一个在宇宙微波背景时代完全各向同性的宇宙中产生一个我们今天看到的非均匀的、结块的宇宙是不可能的。然而，天空中波动的维度同样很重要。我们通过对宇宙背景辐射的观测得到的是一幅全天图，而且很容易就能看到蓝色区域（更冷）和红色区域（更热）的大小差不多。它们平均上大约是1°宽，大约是满月视角的2倍。根据这个证据，再加上一些缜密的思考，宇宙学家确认宇宙是平坦的。这是可能的，因为我们的理论预言了早期宇宙中涨落的实际物理尺寸。把这个期望值与实际值进行比较，我们就知道光线离开光源之后是怎样发生弯曲的，这取决于宇宙中物质的量。物质越多，光弯曲得越厉害。在闭合宇宙中，光线会发生显著的弯曲，净效应就是使涨落看起来比预期值更大。在一个没有多少物质的开放宇宙中，涨落似乎会小得多。事实上，将模拟结果与现实情况进行比较后，我们会发现宇宙刚好含有临界数量的物质，因此是平坦的。

这个讨论让宇宙学家既激动又沮丧。激动是因为微波背景的研究不仅让我们了解了微波背景发出后的极早期的情况，而且还让我们了解了宇宙从那时到现在的整个历史。但这也是一个问题：如果我们想要得出关于早期宇宙的确切结论，那么我们就必须理清近期效应，而这做起来十分困难。

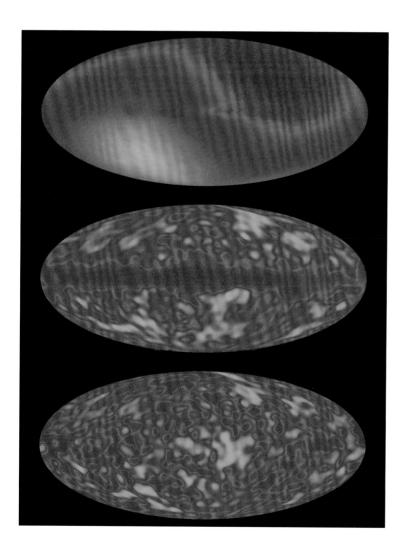

◄ 大爆炸的踪迹

这些由宇宙背景探测者卫星捕捉到的图像展示了全天的微小温度差，反映了存在于早期宇宙中的不一致性。上图是由原始数据绘制的；中图移除了地球在宇宙中运动的效应；下图的结果补偿了银河系辐射的影响，只留下了大爆炸的遗迹产生的温度差。

光的障碍

我们已经看到，在微波背景出现之前，宇宙是不透明的，光不能在其中穿行很远。我们不再能够追溯这个时期的历史，就像我们在地球上看不到云的内部一样。这个比喻并不准确，因为云自身并不发光，太阳其实是一个更好的例子。从外面看太阳，它似乎有一个确定的表面（光球层），但我们看到的其实只是物质变得透明的边界。在光球层内，气体是如此的炽热、明亮和致密，没有光子可以不受碰撞地穿行，这同大爆炸之后不久的情况很相似。在光球层外，气体是透明的，光子可以自由穿行，这和宇宙微波背景出现时（也就是宇宙变得透明时），在宇宙中发生的事情是很相似的。

看穿地球上的云，我们有一个简单的办法——无线电波可以轻易地穿过云层，所以，我们仍然可以获得云层内外的一些信息。但是相同的技巧对宇宙微波背景却不奏效。30万年的极限适用于所有的电磁辐射，看起来是一个不可逾越的障碍。那我们怎么能够自信地谈论在那之前的状态，正如我们在前面一些段落里做的那样呢？目前来说，我们必须依靠我们的理论，其中很多都能够预测微波背景是什么样子的。我们可以将这些理论同实际的宇宙微波背景进行比较，得出合适的结论。

然而，在理想情况下，我们希望能够突破这个障碍回溯，关于如何实现这一点有众多方案。我们也许可以探测在微波背景时期之前就存在并幸存下来没有变化的高能粒子。或许我们已经探测到了这样以微小的、几乎无质量的中微子或者其他奇异的物质形态存在的粒子。

回溯过往

宇宙学家或许不能像化学家或者物理学家那样可以拿到样品并且在实验室里对之进行分析，但是他们却有一个巨大的优势：他们可以回溯过去，并且观察他们研究的物体在数百万年前的样子。要想回溯过去，我们只需观察距离地球遥远的天体。正如我们已经看到的那样，这个不适用于发生在透明时刻之前的事件，它们隐藏在不透明的婴儿宇宙中。从现在开始，我们讨论有可能直接观测的事件。

本章内容始于宇宙变得透明的时刻，也就是宇宙微波背景出现的时刻。有些实验，比如银河系外毫米波辐射和地球物理气球

观　测（Balloon Observations of Millimetric Extragalactic Radiation and Geophysics, Boomerang）、毫米波各向异性实验成像阵列（Millimeter Anisotropy Experiment Imaging Array）和威尔金森微波各向异性探测器已经证实了COBE探测到的辐射的微小温度起伏。我们把这些理解为在这一时间点宇宙密度大约万分之一的变化。但是，我们今天看到的密度波动要比这个大得多。我们看到了巨大的超星系团，数以千计的星系在其中挤在一起，而其他一些空间区域却几乎没有物质。

我们的银河系只是数以百万计的旋涡星系之一。你可能会设想，没有理由去怀疑星系（更确切地说是星系团）在宇宙中是随机分布的。但是，星系的大尺度巡天显示，在最大的尺度上存在大量蜂窝状结构，包括一个长度差不多是3000万光年的"长城"。宇宙是怎样从早期透明的、差不多各向同性的状态演化成今天的样子的呢？

引力：普遍的力

在天文距离上我们通常考虑的唯一显著的力就是引力。一个物体——无论是一颗恒星、一颗行星、一个人还是一团气体——引力的大小取决于所含物质的多少。注意质量和重量不一样：质量是衡量存在的物质的量，而重量则描述为由于重力而产生的力。因此，一个在地球轨道上的航天员处于失重状态，但并不是无质量的。我们可以定义引力为"赋予质量以重量的力"。例如，月球是我们太阳系家族里一个相对较小的成员，只有很弱的引

中微子

天文学家在最近30年里研究了这些微小的粒子。大量的中微子在大爆炸后几分钟内产生，其他一些是为恒星提供能量的反应的副产品。中微子极端不活跃。在你阅读这句话的时间里，数百万个来自太阳的中微子正穿过你的身体，而你却丝毫没有察觉。它们进入地球又从另一侧飞出。为了研究它们，天文学家和粒子物理学家建设了由巨大的液体容器组成的探测器，中微子偶尔会和这些液体发生反应。这些探测器必须建在地下深处，因为在地表会有太多干扰，例如来自宇宙射线这样的粒子的干扰。宇宙射线是以接近光速的状态猛烈撞击高层大气的高能原子核，它们被已知最剧烈的爆炸抛出并在宇宙中穿行。以目前的形势来说，这些探测器都太小，无法发挥合适的望远镜的作用。它们可以告诉我们有多少个中微子和探测器发生了反应并测量它们的性质，但却不能告诉我们这些中微子来自天空中的哪个方向。为了这个目的，我们需要更大的设备。一个正在建设中的探测器就是冰立方，它将使用在南极地下发现的1立方千米绝对纯净的透明冰作为一个巨大的中微子探测器。

➤ 冰立方

2006年，最新的中微子望远镜冰立方正在建设中，它将在70个深入南极冰层的竖井中安装4200个探测器。科学家希望这些探测器能够在1立方千米的纯冰中探测到中微子闪光。这里我们看到一个传感器被下放到指定位置上。

➤ 需要多少位科学家 来换一个灯泡

在日本的超级神冈实验中，数以千计的光电倍增管被安放在装有超纯水的储水池中，以捕捉水中发生的中微子反应产生的闪光。2001年，大部分光电倍增管都损坏了，需要大规模修复。在储水池被修整和重新填满后，科学家乘坐充气筏来检查光电倍增管。

力，甚至都不能够束缚住大气层。地球的质量要比月球大得多，因此有更强的能力把物体吸引住。这样对我们而言幸运的是，它可以维护住我们呼吸所需的大气层。类似地，早期宇宙中密度高的区域比密度低的区域有更强的引力，所以能从周围吸引来物质。当然，这就进一步增强了它们的引力，以此类推，这个过程一直在加速。于是，就像经常说的那样，富的越来越富，穷的越来越穷。

在这些密度更高的区域的内部，局部密度还在进一步变化，同样的过程在发生——质量更大，引力更强，坍缩更迅速。利用计算机我们可以再现曾经发生的事情，建立模型能更好地描述宇宙大尺度结构的演化。

无论结构在哪里形成，我们都必须考虑两种相反的趋势：从大爆炸开始的空间膨胀和在引力影响下的局部收缩。一旦天体在形成的过程中累积了足够的质量，它就能够对抗整体的膨胀，然后坍缩。

一个典型的星系团的雏形最初是很小的，伴随着宇宙的膨胀，它不断从周围吸积物质，体积逐渐增大。随着吸积物质的减少，增大得越来越慢，直到停止膨胀。此时，胚胎期的星系团达到了最大值，然后坍缩成最终的大小。引力随着距离的增加而变弱，所以在宇宙演化过程中的这个阶段，坍缩只能在小尺度上发生。在这个过程中，还只是气体团的首批星系正在形成。

黑暗时期

这些气体团看起来是什么样的？我们看不见，因为我们正处于第十五任皇家天文学家马丁·里斯（Martin Rees）所说的"黑暗时代"（Dark Ages）。这个时代始于微波背景末期，那里没有任何恒星可以照亮宇宙。

但是，这里有相对较为接近透明时刻的痕迹。这个辐射［我们也许应该称之为宇宙电磁辐射背景（Cosmic Electromagnetic Radiation Background），而不是宇宙微波背景］在大约3000℃时开始出现，大约是氧乙炔炬的温度。因此，事实上，在这个时期弥散的辉光会变得更暗、更红。所以说，宇宙从未完全黑暗过，只是有些暗淡。

宇宙逐渐冷却，在渐暗的光线中，孕育星系的引力坍缩过程仍在继续。突然，大量的恒星诞生了，刹那间照亮了黑暗。宇宙顿时一片灯火辉煌。这一刻有多么突然尚有争议，但是无论如何，这个时间都被认为是第一代恒星形成的时期。

在大爆炸中，实际上只有三种元素被创造出来：氢、氦和少量的锂，其他元素还不见踪迹。我们今天已知的其他所有元素都是在恒星内部合成的。人们常说"我们都是星尘"，这完全正确。

↓ Boomerang

这个体积为 2.8 万立方米的气球携带一台宇宙微波背景实验设备进入平流层。照片中是气球起飞前的时刻，背景是南极的埃里伯斯山。

气球观测

在天基研究发展之前，天文学家的研究总是束手束脚。地基设备无法完成测量微波背景温度起伏的任务。1992年，COBE首次获得了具有足够分辨率的温度起伏的测量结果。1999年，科学家又获得了新的结果，但这一次的测量结果不是来自空间测量，而是来自由充满氦气的气球所搭载的设备。这种测量利用了南极的干燥气候。一些天文学家认为南极地区是地球上最适合观测的地区，进一步的测试正在进行中。有两个独立的项目，分别是银河系外毫米波辐射和地球物理气球观测（Boomerang）以及毫米波各向异性实验成像阵列（Maxima）。Boomerang有一个主镜直径为1.2米的主望远镜，由气球搭载到37千米的高空。它可以覆盖1800平方度的天区，其分辨率比COBE高35倍。这些将微波背景清晰聚焦的图像让数以百计的代表微小起伏的复杂区域得以显示，其间的差异仅为0.0001度。

Boomerang的图像被后来的威尔金森各向异性探测器（WMAP）超越。WMAP的探测结果揭示了温度的微小起伏，这是星系形成最早阶段的证据。

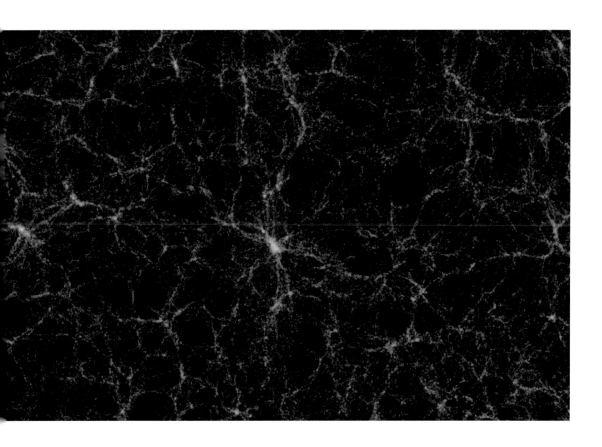

↑ 虚拟宇宙

一幅计算机模拟的早期宇宙演化的静态图像表现了一个尺度为10亿光年的区域。每一条细丝都包含了能够聚合形成数千个星系的物质，而且模拟显示宇宙随着时间的推移越来越成块状。这个模拟考虑了暗物质的效应，它们只通过引力发生作用。但是，它并没有把"普通"物质的可能影响考虑在内，因为那是一个困难得多的计算任务。尽管如此，通过将诸如此类的模拟同实际观测进行比较，科学家已经能够对宇宙了解得更多。

太阳以及整个太阳系的物质已在此前两代恒星形成的过程中被循环使用。正如我们后面将要看到的，很多恒星在经历剧烈的演化阶段时都会将氢和氦转变成更重的元素。例如，金元素就来自于超新星爆炸。另一方面，最早形成的恒星诞生时只含有三种最轻的元素。

一团气体必须坍缩才能形成一颗恒星，为了坍缩，气体则必须冷却。在今天的宇宙中，碳原子和氧原子发出的辐射把坍缩的气体团中的能量带走了，但是在我们描述的这个时期，除了氢分子之外没有其他的冷却来源，因此这个过程的效率极低。结果是只有大团的气体才能坍缩，从中形成的恒星也极其巨大。最初的恒星确实是质量极大的，可能高达太阳质量的数百倍。因为它们有巨大的燃料储备，所以我们可能认为这些庞然大物闪耀的时间要远长于太阳的生命周期，但事实恰恰相反。早期恒星生命短暂，在很年轻的时候就死亡了，实际上只存在数百万年而已。相比之下，太阳整个活跃的生命周期大约是90亿年。

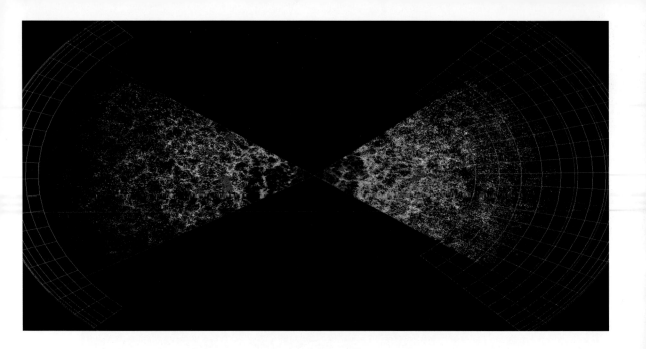

▲ **星系普查**

2度视场巡天测量24万个星系的红移（等效于它们远离我们的速度）。这个实验是在太阳系附近10亿光年范围内的相反方向上的两片天区内进行的。将测量出的速度换算为距离，由此获得的三维图像显示出我们附近的物质如何分布。它仅显示出"平坦"宇宙所需总质量的20% - 30%。因为其他实验表明宇宙是平坦的，所以很明显我们需要去推测某种暗物质的存在——这种物质通过引力作用显示自身的存在，但用其他方法无法探测。

恒星能量的来源

　　为了理解为什么会这样，我们需要考虑恒星中心的情况。只有一颗恒星可供我们近距离研究，它就是太阳。太阳像所有普通的恒星一样，是一个巨大的炽热气体球，大到足以容纳超过100万个地球大小的球体。太阳表面的温度为5600℃，而在产生能量的太阳中心，温度可以达到大约1.5×10^{7}℃。我们无法看到太阳内部的深处，但是我们可以检查它的组成。我们建立的数学模型似乎可以与观测数据相吻合，因此有信心估算出核心温度。太阳含有大量的氢，大约占总质量的70%。这些氢就是太阳的燃料。在第一代恒星里，情况是一样的。

　　氢原子是最简单的原子，有一个质子作为原子核，还有一个环绕原子核的电子。在恒星内部，温度非常高，电子被剥离原子核，留下了不完整的原子，称作电离。在恒星的核心，压力和温度都极高，原子核以极高的速度运动，它们碰撞时就会发生核反应。氢的原子核结合在一起构成了第二轻的元素——氦的原子核。不可否认，这个过程以相当迂回的方式发生，但是最终4个氢原子核将结合成1个氦原子核。这个过程还有副产物，除了我们接收到的来自恒星的光，还有被称作中微子（neutrino）的奇异粒子。在合成氦的过程中，损失了一点质量，并释放出大量能量，正是这些释放的能量使恒星发光。太阳每秒损失的质量达400万吨。与你开始阅读这段时相比，太阳此刻的质量又少了不少。氢燃料的供给不可能无限持续，但是现在还不需要拉响警

针状物
光球层
对流区
辐射区
核心
太阳黑子

6000 K
$15×10^5$ K
$15×10^6$ K

色球层
活动区
环状日珥
日冕
米粒组织

高速太阳风

冕洞　日珥　暗条

↑ 太阳内部

从太阳中心到光球层的距离约为
70万千米，差不多是地月之间往
返一次的距离。

报。太阳诞生在大约50亿年前，从恒星的标准来看，目前它不过
是中年而已。当所有可用的氢都消耗完之后，太阳不会简单地暗
淡下去，而那是另一章要讲述的另一个故事。

　　因此，至少在太阳中，是在4个氢原子核合成1个略轻的氦
原子核的过程中损失的质量提供了驱动恒星的能量。世界上最著
名的方程$E = mc^2$告诉我们，质量（m）与能量（E）是呈正相关
的。转换因子（c^2）等于光速的平方，这是一个很大的数字，所
以消耗很少的质量就能产生巨大的能量。太阳每秒钟要失去差不
多400万吨的质量！

　　质量的消失是怎么发生的呢？氢原子是最简单的原子，仅由
一个电子绕一个质子组成。4个氢原子核中，每个氢原子核都是
一个单独的质子，而氦原子核由2个质子和2个中子组成。但是，
中子要比质子略重。所以，如果仅仅只把这些粒子的质量相加，
那么似乎1个氦原子核就要比4个氢原子更重一些，质量似乎增

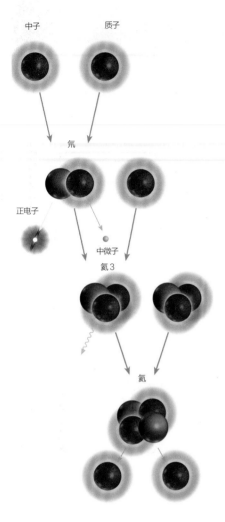

中子　　　　　　质子

氘

正电子

中微子

氦 3

氦

↑ 核聚变

在太阳中心，氢原子聚变成氦，产生给予我们光、热和生命的能量。这个过程称作质子－质子循环。

加了。然而，事实是 1 个氦原子核要比 4 个质子轻，即便它是由更重的粒子组成的。不要忘了，我们处于量子物理和相关效应起决定性作用的尺度上，答案就在这里。如果我们可以测量 1 个质子的质量，那么它确实要比 1 个中子稍微轻一些，但是亚原子粒子不是自由的。在一个氦原子核内，它们被强核力束缚在一起，不能自由移动。这些亚原子粒子之间形成束缚时释放了能量，因此质量减少了。

为什么产生的原子核有 2 个质子和 2 个中子？如果可以在 2 个质子之间形成稳定的约束，那么研究这些反应的天体物理学家就会轻松很多。这种"轻氦"可以由 2 个质子直接正面相撞产生，同时释放出电磁辐射。因为两个质子携带相同的正电荷，电磁力会把它们分开，所以作用在 2 个质子之间的力并没有强到足以把它们结合在一起。在包括太阳在内的所有恒星的内部，发生的并不是简单的质子结合，而是一个微妙而惊人的缓慢过程。

因为我们不能简单地把 2 个质子结合到一起，所以必须找一种方法来绕开这种阻碍更加复杂的原子核形成的状态。在这里的讨论中，我们只需要考虑原子核，而不是整个原子，因为在恒星中心的高温条件下，通常环绕原子核的电子由于能量太高而无法被捕获。唯一可以起作用的力是弱核力。这种力可自发导致质子衰变成中子，同时释放出一个正电子和一个中微子。新形成的中子会被经过的质子捕获，形成一个氘原子核。氘本质上是重氢，就是在通常的质子上加上一个中子。弱力名副其实，这一步将花费最长的时间——在太阳中心，一个质子需要平均 50 亿年的时间才能形成一个氘核。但是接下来，事情开始加速。

在差不多平均一秒的时间里，氘核会抓住另一个质子，形成一个带有 2 个质子和 1 个中子的稳定原子核——氦 3，这是氦的一种较轻的形式。在平均 50 万年的时间里，这个原子核会和另一个原子核碰撞，形成一种我们更熟悉的带有 2 个质子和 2 个中子的氦原子核，同时释放出 2 个质子，开始又一个循环。由于把 2 个较大的带正电的原子核结合在一起很困难，所以这个步骤很缓慢。只在极短的距离上起作用的强力把原子核吸引到一起，但是带正电的粒子间的电磁力又使它们相互排斥。最终，原子核将会靠得足够近，使强力可以发挥作用。我们最后获得的就是以辐射的形式存在的能量，一个可以与反粒子结合并释放更多能量的正电子以及一个中微子。

中微子是高速运动的微小粒子，几乎不与其他粒子发生相互作用，因此它们可以相对不受围绕核心的气体的阻碍而从太阳中

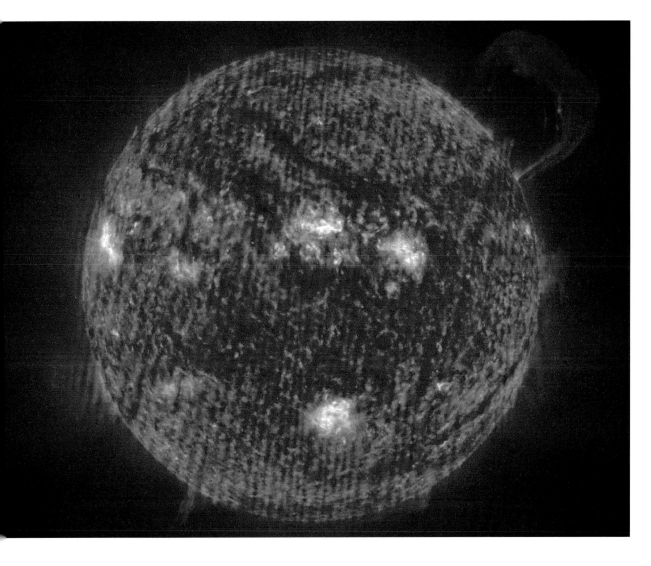

↑ 活跃的太阳

这张图片显示了一个巨大的手柄状日珥——在日冕中悬浮的相对致密的等离子体云，温度达到60000℃。较热的区域为白色，较冷的区域暗一些。

心飞出。其中一些到达了地球，科学家用巨型探测器来探测它们。在很长时间里都有这样一个问题：被探测到的中微子太少了。科学家认为，每产生一个氢原子核的碰撞反应也一定会同时产生 个中微了。然而，事实证明，中微子有一种奇异的能力，它能在飞行的途中改变类型（也叫"味"）。粒子物理学家知道有3种类型的中微子，并且证明了它们随着时间的变化能够在不同类型之间相互转换。最初的实验只对其中特定的一种中微子敏感，因此错过了其他种类的中微子。这些实验确认了我们对于在太阳的中心发生了什么的认识基本上是正确的，那里的温度远高于在地球上进行的任何实验有望达到的温度。这些实验同样提供了第一手可靠的证据，证实了中微子具有很小但不为零的质量。因为如果它们是像曾经被认为的那样完全没有质量，那么它们就不能从一种特定的类型转换成另一种。

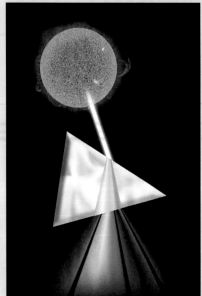

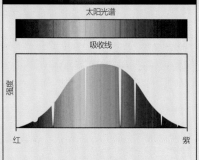

太阳光谱

吸收线

强度

红　　　　　　　　　　紫

光谱

　　伊萨克·牛顿爵士（Sir Isaac Newton）是第一个让光线穿过玻璃棱镜的人，他认识到光是从红光（长波）到紫光（短波）的不同波长的混合物。他让光穿过一个小孔和一个棱镜，把光以彩色序列提取出来——第一个有意制作的光谱就这样诞生了。牛顿从未再深入地进行这个实验（可能是因为可供使用的镜片都是质量很差的玻璃，也可能是因为他脑海里在想着别的事情）。下一个真正的进步要归功于英国科学家W.H.沃拉斯顿（W.H. Wollaston）在1801年的工作。沃拉斯顿在他的屏幕上使用了一个狭缝而不是一个洞，展示出来的太阳光谱是有暗线穿插的彩带。沃拉斯顿相信这些线只是不同颜色之间的分界，因此错过了完成一项伟大发现的机会。十多年之后，德国物理学家约瑟夫·冯·夫琅和费（Joseph von Fraunhofer）做到了这一点。

　　像沃拉斯顿一样，夫琅和费获得了太阳光谱。他画出暗线，发现它们既不随位置变化，也不随强度变化，例如，在光谱的黄色部分有两条非常显眼的暗线。是什么原因造成的呢？古斯塔夫·基尔霍夫（Gustav Kirchhoff）和罗伯特·本生（Robert Bunsen）在1858年给出了答案，两人被认为建立了现代光谱学的基础。

　　就像望远镜收集光一样，一个分光镜能把光线分成完整的像彩虹一样的光谱。检查发光固体或者液体的光谱，你会看见连续的彩虹色的光带。但是在低压下，气体的光谱却相当不同：不同于彩虹，而是一些分立的亮线——也就是发射光谱（见右页图）。基尔霍夫和本生意识到：每条线都是一种特定元素或者一组元素的标志，而且是不能被复制的。这样，钠产生了两条明亮的黄线和其他亮线。有些元素有复杂的光谱，例如，铁有几千条谱线。二人的洞见，其伟大之处在于他们意识到穿过太阳的连续谱中的暗线精确地对应着实验室里发光气体发出的明亮的发射线。我们现在知道每条谱线都来自气体原子外层电子特定的状态跃迁。如果气体很热，电子降低能级时会释放能量，那么我们就能看到发射

▲ 吸收谱

这张图片显示了吸收线的存在。太阳炽热的表面（光球层）发出白光，穿过温度稍微低一些的外层区域（色球层，图中可以看到一些日珥）。光线被棱镜分解成组成的颜色或者频率，显示出这是一个典型发光体的连续单峰黑体谱。太阳较冷气层中的气体吸收了特定频率的光，导致光谱中出现了夫琅禾费暗线。

➤ 牛顿的草图

这幅牛顿的原始草图的复制品展示了他那个把白光分解成组成成分的著名实验的布局。

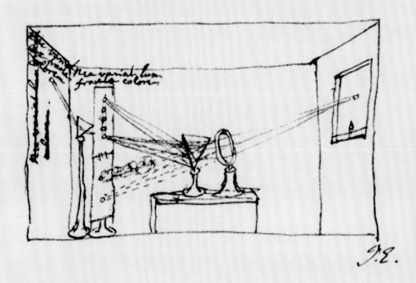

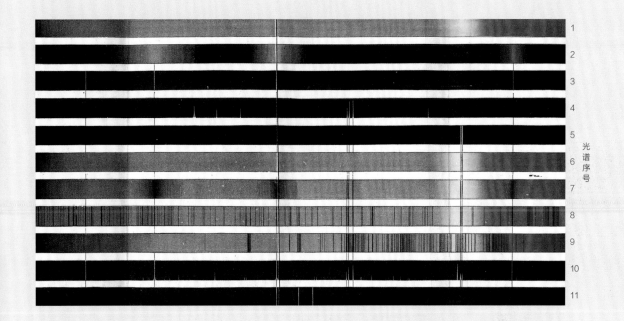

⌇ 历史上的光谱

诺曼·洛克耶（Norman Lockyer）在1874年出版的教科书《天文学基础课程》（Elementary Lessons in Astronomy，没有比这更好的）中的卷首插图整齐地描绘了发射光谱和吸收光谱之间的对应关系。两条特别的钠黄线在光谱5中是发射线，而在连续光谱6的背景中则是吸收线。它们也是天狼星光谱（7）、太阳光谱（8）和参宿四光谱（9）中的夫琅和费线。这些光谱中的其他谱线代表了很多其他元素的存在。

线；如果气体很冷，并且背景是太阳那样的明亮连续谱，那么我们看到的就是暗的吸收线，因为电子跃迁到了更高的能级，并且在相同的频率上吸收能量。太阳光谱的黄色部分中那对独特的暗线是相对较冷的钠蒸气存在的明确迹象。通过对夫琅和费线的研究，我们可以确定在被称作反变层的太阳内层大气中所有气态元素的丰度。

现在被称作夫琅和费线的这些暗线可以给出关于运动的信息，进而间接地给出关于距离的信息。注意听一辆正在鸣笛的救护车。当救护车向我们驶来的时候，相比于车辆静止的时候，每秒钟会有更多声波进入我们的耳朵，波长就会等效变短，喇叭的声调就会升高。当救护车从我们身边经过并且驶离我们的时候，每秒钟进入耳朵的声波减少，波长就会变长，声调就会降低。这种效应以首次解释它的奥地利人J.C.多普勒（J.C.Doppler）来命名，被称作多普勒效应。光也会发生同样的现象。对于一个靠近我们的光源，波长变短使得光线变蓝，而对于一个退行的光源，光线会变红。这种颜色的变化非常微弱，很难被察觉，但是这种效应会在夫琅和费线中表现出来。如果所有谱线都向红端即波长更长的一端移动，那么光源就在远离我们。红移程度越大，退行速度就越大。

让我们回到太阳光谱。太阳明亮的表面，也就是光球层，发出连续的光谱。在此之上是一层压力低得多的气体（色球层），所以预计是会产生发射光谱的。事实上也是这样，但是从彩虹背景之上看去，这些谱线被"反转"了，看上去是暗的而不是亮的。不过，谱线的位置和强度不受影响。太阳光中黄色部分中的两条暗线对应于钠的发射线，因此可以证明太阳上存在钠。

银河系中心

这张来自美国国家航空航天局的斯皮策太空望远镜的红外图像显示了银河系中心的成千上万颗恒星。这些恒星在可见光波段内完全无法被观测到，因为在地球和银河系中心之间的尘埃挡住了视线。

第一代恒星的命运

伴随着第一代恒星的出现，宇宙的黑暗时代结束了。这些大质量恒星每一颗也许都有 150 个太阳那么重。伴随着巨大的体积而增加的引力压把它们的核心加热到了非常高的温度，驱动恒星的核反应进行得更快，物质也被快速消耗。可能在短短的 100 万年中，第一代恒星就把燃料消耗完了。

在第一代恒星诞生之前，宇宙是一片原子的海洋，其中主要是氢原子。巨大的恒星燃烧时，它们的辐射向外传播，把电子从原子中打出来，使之电离。逐渐地，每颗新恒星都被电离气体所包围。能量更高的恒星会产生更多的电离气体。恒星的能量只能在一定距离上影响气体，但是这些恒星足够大，有足够的能量去创造跨度可达数万光年的巨大电离气泡。

接下来会发生什么？环绕两颗不同恒星的气泡有时会相遇。这时，气泡中的所有物质都将暴露在两颗恒星共同的光线中。在

双倍能量的驱动下，电离气泡膨胀得越来越快。这意味着可能会有更多的气泡与邻近的气泡发生碰撞，于是，整个过程加速了。经过一段较短的时间，由中性氢主宰的宇宙演化成了一个超过99%的物质都被电离的宇宙。

黑洞：单程旅行

最初的电离原因还有另外一种可能。（相当不合逻辑的是，这段时期被称作再电离。）包括我们的银河系在内的差不多每个星系的中心都有一个巨大的黑洞。黑洞是大质量恒星坍缩的产物。它的引力非常强，连光都无法逃脱，因为其逃逸速度太大了。逃逸速度的概念很简单：它是物体从大质量物体的引力场中脱离所必须获得的最小速度。最终，一颗坍缩恒星的逃逸速度达到30万千米/秒，也就是光速。光再也无法挣脱。由于光速是宇宙中最快的速度，所以这颗年老的恒星自身周围环绕着一个任何东西都不能逃脱的禁区。很明显我们看不到黑洞，因为它根本不发出任何辐射。但我们可以通过探测它施加到物体

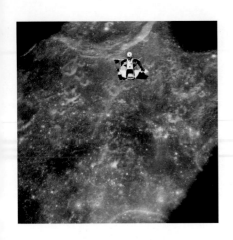

↑ 逃逸速度

向上抛一个物体，它会上升到一定的高度，停止，落到地上。向上扔得越快，它上升得越高。当扔出的速度达到 11 千米／秒的时候（必须承认，这相当困难），它就不会再落下来了。地球的重力不足以把它拉回，这个物体就会逃逸到太空中，这就是为什么这个速度被称作地球的逃逸速度。太阳这颗普通恒星的逃逸速度是 618 千米／秒，而质量只有地球 1/80 的月球的逃逸速度只有 2.4 千米／秒。这不足以束缚住大气层，所以月球上的气体早就逃逸到了太空中。事实上，月球有着极其稀薄的大气，它不断得到月球表面尘埃的补充，但是又不断失去。阿波罗号的航天员需要依靠强大的土星 5 号火箭才能离开地球，而若要离开月球，他们只需要这里看到的登月舱上的小型发动机就可以完成。

上的引力效应来确定它的位置，比如当黑洞是双星系统的一部分时。

结果是黑洞与周围环境隔绝。因为没有辐射发出，所以我们无法探测黑洞的内部，只能推测其内部的情况。掉到黑洞里肯定是一趟有去无回的旅程，绝不推荐。科学家创造了"意大利面条化"（spaghettification）这个词来描述这个过程，以警告那些想尝试进入黑洞旅行的人。

黑洞通常是由一颗质量 8 倍于太阳或者更大的恒星的坍缩产生的，但是对于星系中心的超大质量黑洞来说却不是这样，这些黑洞的质量都是太阳质量的数百万倍。这些超大质量黑洞很可能形成于宇宙的一个极早期阶段。如果是这样的话，那么宇宙的第一束光可能就不是来自恒星，而是来自坠入黑洞时被加热的物质，这也足以导致广泛的电离。在这种情况下，发挥作用的黑洞仍然伴随着我们，它们位于星系的中心。现在，尚不清楚这两种可能的再电离机制中到底哪种是真正的原因。在这个争论得出结果之前，我们对于这个奇特的时期还有更多的东西需要去了解。

超新星

不管哪个理论是正确的，在某一时刻，这些最早的、巨大的恒星都存在过，它们对周围环境的影响在再电离时代并没有结束。我们已经看到，它们的寿命十分短暂，而它们的死亡也轰轰烈烈。与太阳相对平静的未来不同，这样大质量的恒星可能命中注定要经历一次灾难性的爆炸。

恒星的外层由在恒星核心处发生的核反应产生的能量来支撑。当这个过程中的燃料消耗殆尽后，这些外层就会坍塌，进而使核心的压力增大，温度提升。这些变化使得此前一系列反应所产生的氦核相互碰撞并发生反应，生成更重的元素。同时，核心附近的氢将继续燃烧，结果有点像一个多层的洋葱，更重的元素不断地在核心产生。最终，铁元素产生，循环到这里就停止了。铁的原子核是所有原子中最稳定的，因此当它们碰撞的时候，会损失能量而不是释放能量。一旦大质量恒星形成了一个铁核，就无法阻止外层向内坍缩。一个致密的核迅速形成，激波快速穿过恒星，在一次热与光的巨大爆炸中把剩下的物质向外抛出——这就是我们看到的超新星。超新星的爆发非常剧烈。更极端的是极超新星（Hypernovae），它们产生的方式与超新星非常相似，但是参与其中的是罕见的大质量恒星。然而，我们

→ 超新星环

天文学家仍在等待自望远镜发明以来首次在银河系中观测到超新星爆发。超新星 1987a 是一个次佳的结果——它是一颗在银河系附近的大麦哲伦云中的超新星。在这次爆发 7 年之后，哈勃太空望远镜拍摄到了 3 个特别的圆环围绕着爆发的位置。

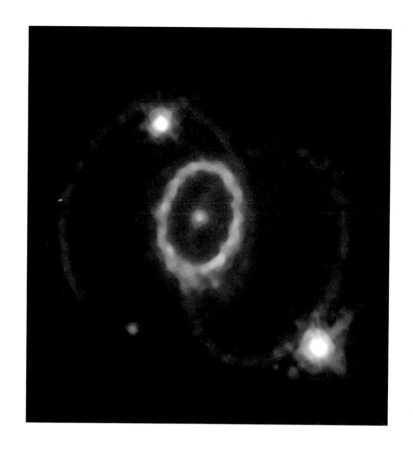

到现在还尚未目睹过终极情形：我们知道的最剧烈的现象——γ射线暴（Gamma-Ray Bursts）。

γ 射线暴

　　γ 射线是电磁辐射中能量最高的，其波长非常短——比 X 射线的波长还短，小于 0.01 纳米（1 纳米是 1 米的十亿分之一）。尽管在全天空有一个恒定的、几乎各向同性的 γ 射线背景，但还是发现了一些离散源。这些突现的 γ 射线暴，至多持续数分钟，却有极高的能量，在整个可见宇宙中都可以看到。在最初的 γ 射线爆发后，光谱其他频段内会出现"余晖"。辨认出这个渐渐暗淡的证据，对天文学家确定更近期的爆发同我们的距离非常关键。我们现在知道的 γ 射线暴都非常遥远。单次爆发中释放的能量几乎是不可思议的——太阳在整个生命周期内释放的能量都不如一次 γ 射线暴在数分钟内释放的能量多。

↑ 超新星 1987a

左图：
爆发前的 1987 年 2 月 23 日。

右图：
爆发 10 天之后。一颗超新星的亮度可以超过整个星系。

尽管不同的爆发原因可能不同，但大部分 γ 射线暴似乎都是由质量特别大的恒星的死亡产生的。这样的恒星一旦耗尽驱动核反应的燃料，从核心发出的辐射就会消失，引力最终赢得了这场角逐。在引力作用下，恒星外层急速向内塌陷，中心区域完全坍缩形成黑洞。与此同时，外层被反弹，以极高的速度被向外抛出。这个能量非常高，以至于在恒星的生命周期内形成的原子核都被撕碎，所有东西都短暂地转化成氢。但是，爆炸中的能量接下来可以驱动进一步的核反应，将氢原子聚合成更重的元素。值得注意的是，其中包括了比铁更重的元素。

如果爆炸的恒星像第一代恒星那样大，那么释放的能量就足以产生一次 γ 射线暴。在附近的宇宙中，最大的恒星只有太阳大

▲ 蟹状星云

这是爆发于1054年的一颗超新星的著名遗迹，中国天文学家观测到了这次爆发。在这个星云中，还隐藏着一颗旋转的中子星，这是恒星核心的所有遗存。

小的20～30倍，我们看到它们以相对温和的超新星的形式死亡。但是，一颗超新星的光芒仍然足以照亮它所在的整个星系，因此极超新星将在整个可观测宇宙中都可见。

随后，激波以接近光速的速度从爆炸中扩散开来。相似的过程可以通过哈勃太空望远镜拍摄的附近超新星的图像看到。第一代恒星死亡时产生的激波不仅加热了周围的气体，还相继引起了周围气体云的坍缩，促进了下一代恒星的形成。当这些新恒星形成的时候，它们积累了在第一代恒星中产生的元素，而这些元素在更早的时期是不存在的。这些原子，特别是碳和氧，能够有效地从坍缩的气体云中辐射出能量。这使气体云得以冷却并分裂，产生较小的团块，最终形成较小的恒星。因此，这些第二代恒星

➤ γ 射线暴

这是由康普顿 γ 射线天文台在超过 9 年的时间里记录到的 2704 次 γ 射线暴绘制的全天图。我们银河系的平面在图中心沿着水平方向从 180° 到 −180°。

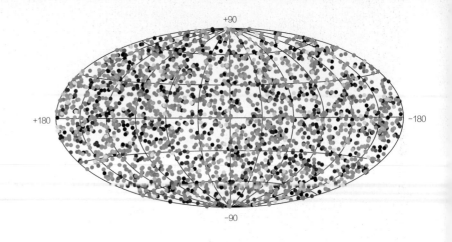

和我们今天看到的恒星非常相似。其中最小的（因此有最长的寿命）甚至可能今天仍在发光，我们很可能已经在银河系中探测到了它们。

这些恒星的质量对它们的命运有决定性的影响。例如，质量超过大约300个太阳的恒星会直接坍缩成大质量黑洞，没有物质被抛出，也没有扩散的激波。质量在160个太阳左右的狭窄范围内的恒星会产生对不稳定性超新星（Pair-Instability Supernova）。这些爆炸恰好会产生数量巨大的正电子，也就是电子的反粒子。当粒子和反粒子相遇的时候，它们就会湮灭，并产生能量。在这些超新星中，这种能量足够大，会阻止核坍缩。这种情况下不会产生黑洞或中子星，所有的物质都会被向外抛出，用于第二代恒星的形成。我们相信在宇宙历史的早期，有大量这样大小的恒星形成，而这一机制是最好不过的了。

➤ 超新星遗迹

哈勃太空望远镜拍摄的超新星 LMC N49 的遗迹的图像显示出美丽的丝状残片，它们最终会进入形成新恒星的循环中。

γ 射线的故事

在冷战的高峰期，许多军用卫星发射升空，用来搜索突然出现的 γ 射线暴，这是核试验的迹象之一。为这个目的发射的美国卫星确实探测到了爆发，但并不是预期中的那种爆发。爆发持续时间长则数分钟，短则数秒钟。

我们可以发现，这些爆发似乎是在天空中均匀分布的，而不是定位于某一个地理位置，这样就幸运地排除了核试验是这些爆发的来源。很多年来，我们都无法确定这些爆发是较弱，从而在我们附近，还是很强烈，从而距离我们非常遥远。现在我们认为这些爆发来自距离我们大约10亿光年的源头，而且极其剧烈，可能是大爆炸以来最剧烈的一次爆炸。

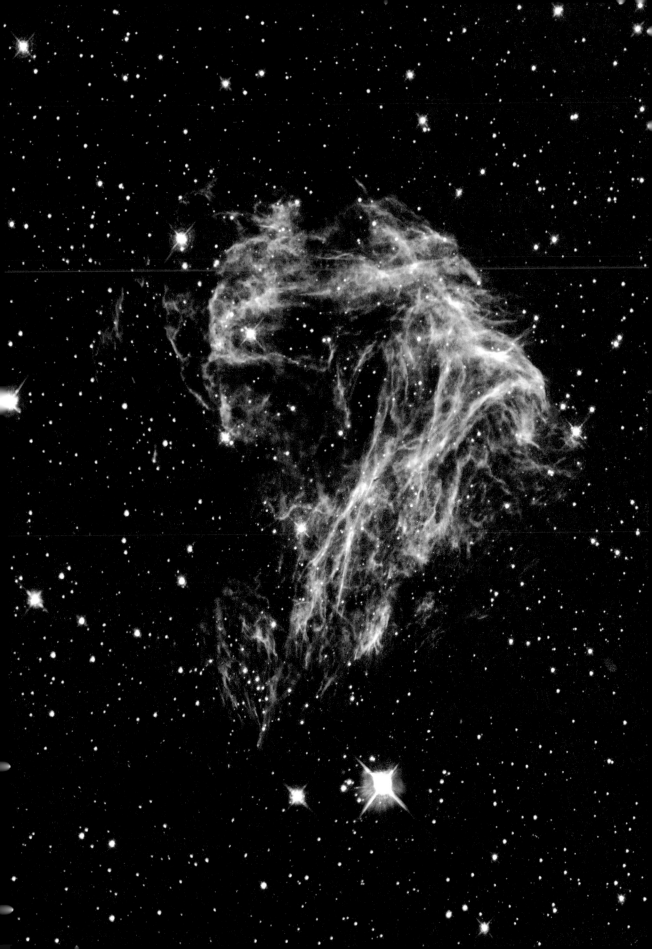

这幅由 X 射线、红外线和可见光观测合成的图片显示了 400 多年前在我们的星系中爆炸的开普勒超新星现在的样子。图片中包括一个从爆发的恒星中被快速抛出的壳层，周围是横扫气体和尘埃的扩散的激波。

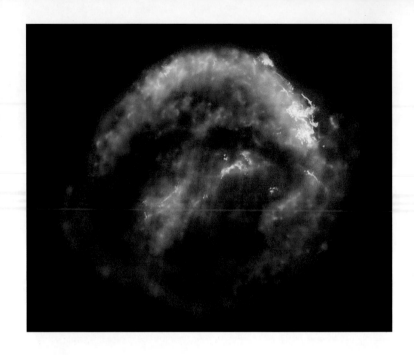

相对论：观察者指南

黑洞物理学自然是用广义相对论的语言来描述，花些时间来试着学习一些这种语言是值得的。根据爱因斯坦的理论，两个不同参考系中的观察者彼此相对加速（或减速）时，他们的时标（timescale）会不一致。换句话说，当我观察到 10 秒流逝时，如果你正在加速远离我，你可能感觉只过了 6 秒。

人们首先想去问谁是对的，接着去寻找一些可能改变时钟的诡计。相对论却坚定地告诉我们，两个都是对的，也不存在什么诡计——不同的观察者确实经历了以不同速度流逝的时间。有些常识性的规则会被保留，比如，两个观察者对事件发生的顺序会始终意见一致。因此，尽管一个人相信 A 比 B 早 1 秒，而另一个人认为 A 和 B 是同时的，但是对任何观察者而言，都不可能看到 B 早于 A。因果律依然成立，但是很多其他对我们来说似乎是理所应当的常识观念必须被抛弃。

为什么在我们的日常经验中没有遇到这样看起来是悖论的事情？毕竟，我们从来都没有注意到时钟以不同的速率转动。答案是幸好我们没有生活在黑洞附近。只要没有极端的加速，或者接近光速的巨大速度，或者非常大的物质聚集，这些效应就会非常微弱，牛顿的运动定律仍然很适用。爱因斯坦并没有证明牛顿是错的，他扩展了牛顿的思想，使其在这些更极端的情况下更加精确。

黑洞除了对时间流逝有这些效应外，相对论还告诉我们它的巨大的质量如何影响它周围的空间。相对论之所以难以理解，原因之一就是它的数学思维是建立在四维形式中的——三个常见的空间维度再加上时间。空间和时间不再独立存在。为相对论提供了大部分数学结构的赫尔曼·闵可夫斯基（Hermann Minkowski）这样写道："空间本身和时间本身都消失在阴影中，一种二者的结合因自身而存在。"

你能想象一个四维球体是什么样的吗？我们都不能。但是我们可以通过只考虑两个维度来了解它的一些性质。把时空想象成一张四个角绷紧起来的平坦的床单。现在，把一个网球或者其他重物放在中心，床单会变形，这就像理论告诉我们大质量物体扭曲了时空一样。在这个扭曲的时空中穿行的光线，其路径也会被扭曲。在大质量黑洞附近，这个效应足够大，能使一个位置适当的观察者同时看到环绕圆盘的正反两面。

虫洞：事实还是幻想

关于黑洞内部的情况，除了猜测我们什么都做不了。这个不走运的恒星完全压碎自己不再存在了吗？有些科学家提出了这样一个观点：黑洞扭曲了时空，程度之大以至于它们可以形成宇宙中不同时空之间甚至是不同宇宙之间的通道。这个被称作虫洞的概念目前还属于科幻小说的范畴。在那里，虫洞提供了一种有用的装置，让主人公可以做一些超出现代物理学限制的事情。但是，必须要说的是，这些观点构成了对这些奇异天体的严肃的学术研究的一部分。

也许对目前的情况最好的概括是任何经过验证的理论都没有排除虫洞这种概念的可能性，但同时也没有支持虫洞存在的证据。无论如何，在黑洞内部，似乎所有的一般科学规律都会失效，我们那些深以为然的基于常识的直觉也不再有效。

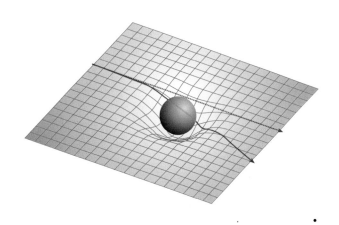

➤ 想象时空

一个大质量物体扭曲了时空。一束光线会被扭曲，因此我们看到光线从何而来并不是它实际的源头。虚线表示光未被干扰时前进的路径。当途中遇到大质量物体时，光线会沿着红色实线传播。

第三章
演化的宇宙

大爆炸后 7 亿—90 亿年

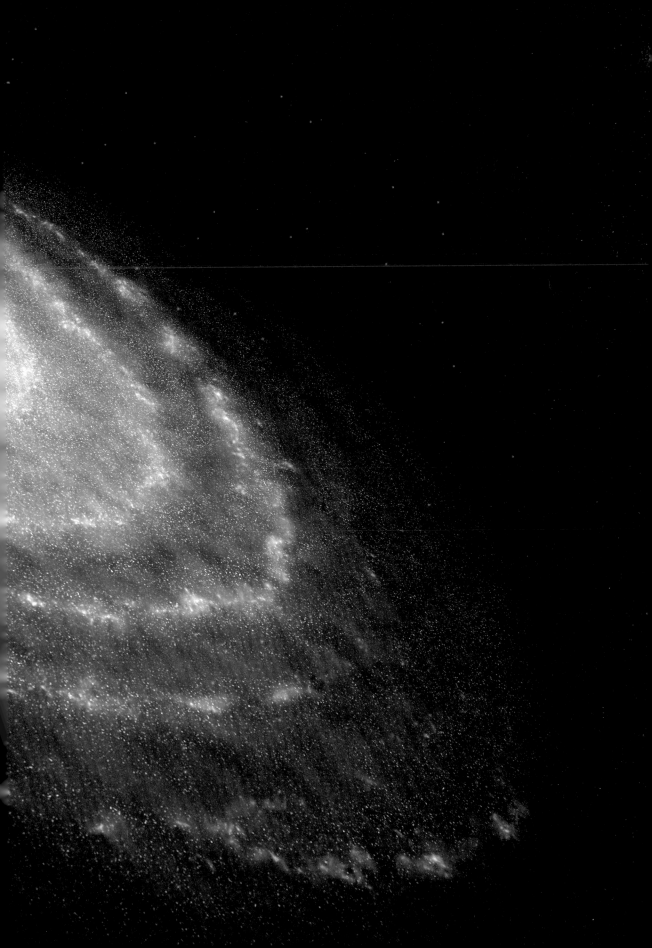

↑ 银河系

这幅银河系的艺术想象图展示了充满新形成的和正在形成的恒星的蓝色旋臂，从环绕银河系中心的黄色核球向外延伸。最近的观测暗示出核球中隐藏着一个中心棒，但是因为太阳系位于其中的一条旋臂上，所以我们很难确认这个结果。

两章之后，我们终于到达了宇宙演化历史中一个可以看到分立天体的时间点。甚至在第一代恒星出现之前，物质坍缩形成星系的过程也在进行中。哈勃太空望远镜的深场图像展示了大爆炸后7亿年的星系。它们并不像我们周围看到的系统：很多更小，而且还有很多种奇怪和美妙的形状。有些内部有大质量黑洞。主宰彼时宇宙的是神秘的类星体。这些能量源现在被认为是非常活跃的星系核，亮度可以达到银河系的数千倍。因为它们如此明亮，所以我们可以在遥远的地方看到它们，由此可以回溯到宇宙相当年轻的那个阶段。

超大质量黑洞

在这些星系的中心，甚至在更早的时候，潜藏着质量可达数百万个太阳的黑洞。它们可能是如我们之前讨论的那样由气体的坍缩直接形成的，或者也可能是吞噬了大量额外物质的大质量恒星的遗迹。不管是哪一种情况，这个大小的黑洞都有巨大的引力，可以吸引大量的物质。

在星系形成的早期阶段，当恒星刚刚开始形成的时候，存在大量的气体和尘埃。这些物质给黑洞加注了燃料，向内形成了一个螺旋式的圆盘。圆盘发出的光被分成多束喷流，沿着一束喷流看去，我们就会看到被称作类星体的高能灯塔。在宇宙演化的早期，胚胎星系之间的碰撞一定很常见。当这两个系统合并时，新的原料被吸入黑洞（或者实际上是很多黑洞），类星体开始发光。事实上，很可能所有大质量星系，包括我们的银河系，都在演化过程中经历了一个类星体阶段。近期研究的几个类星体似乎就是普通星系。最终，燃料耗尽，星系平静下来。

我们可以通过回溯一些探测到的、最早的星系来一瞥这个阶段，这些星系在通过哈勃太空望远镜获得的哈勃超深场（Hubble Ultra-Deep Field）的图像中被展示出来。这台在轨运行的天文台每100万秒（比11天多一点）就会被指向一块天区上的此前似乎从未引起人们任何兴趣的区域。这样的超长曝光使得即使是最暗淡的天体也可以收集到足以被探测到的光线，这台望远镜由此可以把空白的天区转变为真正被数千个星系填满的区域。图像中的每一个小点代表的不是一颗背景恒星，而是一个背景星系。虽然其中一些是距我们相当近且看起来很普通的星系，但其中的大部分则小得多，暗得多，也奇怪得多。即使用肉眼，我们也能从图像中得出初步的结论，比如，红色的星系是最遥远的，因为它们有巨大的红移。因此，我们可以开始把这些探测到的天体排进

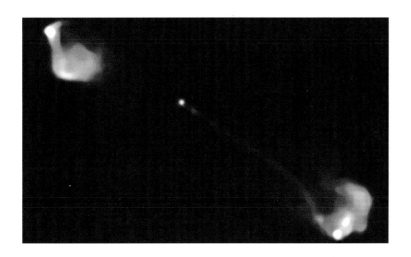

◄ **类星体 3C175**

类星体（Quasar）是"类似恒星的天体"（Quasi-Stellar Object）的缩写。这个词被用来描述 20 世纪 60 年代探测到的一组令人惊讶的高能点状辐射源。现在，这样的天体已经被更恰当地认证为是由大质量黑洞驱动的活动星系核的极端例子。银河系的中心也很活跃，但是类星体的活跃程度是银河系的数百万倍，而且只能在很远的地方看到，那里是遥远过去的宇宙。这张射电望远镜图像显示出一颗类星体（中间的点）正在发射粒子流（只有一束喷流清晰可见），可达距离中心 100 万光年的地方。当粒子喷流以接近光速的速度碰撞周围的气体时，产生了两个团状的激波阵面。

一个大致的演化序列中。

通过观测这些最早期的星系并尝试进行分析，我们可以了解今天看到的星系的形成。我们不再相信每个星系是独立形成的，如果是这样的话，那么超深场应该显示更少但更大的普通星系。最初由模拟提出的新的图景是早期的坍缩导致形成了小型结构，它们又通过一系列的碰撞合并形成了更大的系统。在可观测宇宙最遥远的区域里，存在数量巨大的小型星系。它们是这个过程所需的"燃料"，对这些小型星系的探测进一步证实了这个理论。我们可能在超深场中看到了构成更熟悉的现代星系的材料。这个过程甚至可能仍在进行中。近年来，我们意识到银河系会吃掉同类，因为天文学家已经探测到它撕碎了几个矮星系。

这些较小的系统围绕较大的星系旋转，但是被逐渐向内拉。最终，它们的轨道被扭曲到一定程度，使得它们会有规律地穿过较大星系的盘面，每次经过时，它们的气体和尘埃都会被较大的系统剥去一些。经过几次这样的相遇后，较小的星系会完全成为较大系统的一部分。银河系最显眼的两个同伴——大麦哲伦云和小麦哲伦云就面临着这样的命运。

在哈勃太空望远镜的继任者出现之前，美丽的超深场图像可能都是独一无二的。这些图像中的绚彩星系，以一种令人惊叹的方式为本书的中心前提——我们的宇宙确实在膨胀——提供了最重要的证据。这些数量众多的天体的不同颜色表明了不同的红移：天体越红，它远离我们的速度就越快。我们看到的光在大爆炸后 7 亿年从这些星系发出——这只是宇宙年龄的 5%。

↑ 麦哲伦云

只有位于南半球的观察者可以看到大麦哲伦云和小麦哲伦云，它们是距离我们第二近和第三近的星系，同我们的距离分别为 17.9 万光年和 21 万光年。它们围绕银河系中心运动，有规律地穿过银河系的圆盘，每次都会失去一些恒星。

科学家使用地基望远镜分析这些星系中谱线的位置，验证了以上结论。

在这个时期里，结构仍然通过物质在自身引力的作用下坍缩而形成，正如它们在黑暗时代中一样。在这些结构中，一定有后来导致了银河系形成的种子。银河系的大小大于星系大小的平均值，尽管也不是太突出。银河系有1000亿颗恒星，而附近的仙女座星系里的恒星则更多。本星系群都不算突出，其他星系群的恒星要多得多。室女星系团含有1000多个大型星系，与地球的平均距离大约是6000万光年。

↙ 无穷的星系

哈勃超深场图像的星系细节，只展示了视场中很小的一部分。完整的图像只覆盖了 1 平方度的天空，却包含了超过 10000 个星系。

隐藏的伙伴

在银河系中心的另一侧,发现了一个被称作人马座矮椭球星系的小型星系。它曾经是距离我们最近的星系,但是现在已经被大得多的银河系的强大引力撕碎了。透过银河系的群星凝视,我们注意到了一些背景恒星并没有按照预计的方式移动。这个星系大致就是红色区域的形状,距离我们仅有8万光年。图中展示了记录到的这个星系射电波强度的等值线,并叠加在这个区域的可见光照片上。

我们的星系:银河系

　　年轻的星系含有大量可以用于形成恒星的气体和尘埃。它们会被来自明亮的年轻蓝色恒星的光线点亮,看起来有点像我们的银河系——一个非常普通的旋涡星系。在介绍其他星系之前,稍微更细致地了解一下银河系是值得的。银河系是旋涡状的,星系中心距我们大约27000光年。银河系的直径超过10万光年,看上去像是一个双凸透镜(用通俗的话说,就是两个煎蛋背对背放到一起)。沿着这个系统的平面看去,我们在几乎相同的视线上能看到很多星星,这就是自古以来被称作银河的、横跨夜空的优美光带。中心凸出(煎蛋的蛋黄)的直径大约是2万光年。在这个平面之外远离主盘的位置有巨大且密集的球状星团以及很多流浪的恒星,它们都位于被我们称为"银晕"的地方。

　　我们不能轻易地看到银河系中心,因为在视线上有太多遮挡的物质,但是射电波和X射线则不受阻碍。银河系中心在人马座

↑ 半人马座 A

一个距离地球 1000 万光年的椭圆星系。哈勃太空望远镜的蓝光、绿光和红光图像拼贴在一起，经过处理后呈现出这样一张自然色图片。红外图像显示出，在中心隐藏着的似乎是螺旋落向黑洞的物质盘。这个黑洞的质量是太阳质量的 10 亿倍。半人马座 A 看起来是两个星系碰撞的结果，剩余的残骸正在被黑洞吞噬。

的恒星云之后，准确的位置位于人马座 A（Sagittarius A*），那是一个强烈的射电源。在中心区域，有旋转的尘埃云以及非常强大的恒星星团。在非常靠近真正中心的地方，有一个质量约为 260 万个太阳的黑洞。这个黑洞存在的证据来自我们对银河中心附近的 28 颗恒星的仔细观测。从 1992 年开始，天文学家就看到它们在围绕着隐藏于中心的什么东西旋转，运动的轨道速度达到每秒钟数千千米。通过追踪这些恒星的运动，我们可以计算出中心物体的质量并且估算出它的大小。在这么小的空间里有如此大的质量，我们星系中心的物体不可能是别的，只能是黑洞。

银河系在旋转。太阳每 2.25 亿年绕银河系的中心公转一周，这个周期常被称作宇宙年（Cosmic Year）。在一个宇宙年之前，地球上最高级的生命形式是两栖动物，甚至恐龙都还没有出现。（猜想一下我们的世界在一个宇宙年之后会是什么样子，这是很有趣的！）我们在离银河系主平面的不远处运动，并刚刚离开了一条旋臂——猎户臂（Orion Arm），所以我们现在处于一个相对空旷的区域。

➜ 银河系中心

这是欧洲南方天文台甚大望远镜上的 NACO 设备在近红外波段观察到的银河系中心。天文学家追踪最中心区域的恒星的运动超过 16 年，已经能够确定出隐藏在其中的超大质量黑洞的质量。

旋涡星系的发现

　　天文学史上极其重要的发现之一就是，曾经被称作旋涡星云的模糊天体是银河系外的其他恒星系统。它们伴随着宇宙从时间开端到现在一直在持续膨胀并远离我们。膨胀的速率并非始终一致。

　　爱尔兰贵族罗斯伯爵三世（the third Earl of Rosse）发现了很多星系呈旋涡状。在奥法利郡的比尔城堡，他建造了一架 72 英寸（1 英寸约为 2.54 厘米）的金属镜面反射式望远镜并用它来观测星云状天体，这是当时最大的望远镜。尽管那是在很早之前的 1845 年，可他绘制的旋涡星系 M51（左图）却有着令人惊讶的精确度。在很多年里，这架 72 英寸的反射式望远镜都是被废弃不用的，但是现在它又被重新投入了正常使用。

旋涡星系

许多星系都是螺旋状的，由于星系在旋转，所以旋臂都是拖尾的（除了一个不能理解的特例外）。现在认为，旋臂是由于回荡在系统内的压力波产生的。旋臂是星际物质密度高于平均值的区域，这种条件促使了恒星的形成。最容易看到的恒星的质量极其巨大。根据宇宙学的标准，它们在爆炸成为超新星之前的寿命是很短暂的，但是它们的光辉却使得旋臂非常显眼。当压力波扫过后，激烈的恒星形成过程就停止了，旋臂也变得不那么明显。扫过的压力波紧接着会产生一个新的旋臂。如果这个假设是正确的，那么在几千万年后，银河系仍然会有新的旋臂，只是它们会由其他不同的恒星组成。

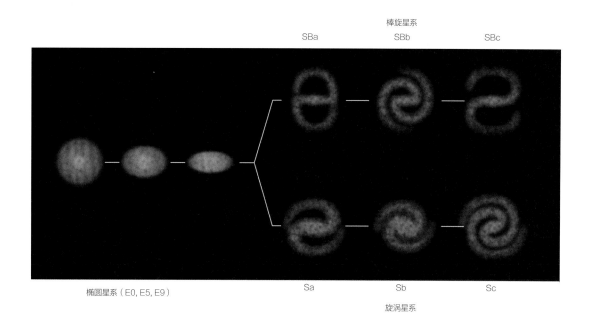

棒旋星系
SBa   SBb   SBc

椭圆星系（E0，E5，E9）

Sa   Sb   Sc

旋涡星系

星系的分类

埃德温·哈勃创立了一个星系分类系统，这个系统出于显而易见的原因被称为音叉图（见上图）。有些星系是椭圆的，有些是螺旋的（就像是旋转的烟火），更多的则是不规则的。

椭圆星系的分类是从E0（几乎是球形）到E9（非常扁平）。旋涡星系包括Sa（紧紧地缠绕）、Sb（较松）和Sc（更松）。有些旋涡星系在主轴上还有一个棒，旋臂从棒的两端延伸出来（SBa、SBb或者SBc）。很多读者在知道我们的银河系被认为有这样一个棒时，应该感到高兴。

音叉图曾被认为代表了某种演化序列，椭圆星系转变成了一个旋涡星系，或者相反。但是，现在我们知道，音叉图只是对星系的一种直观呈现而已。

↑ 草帽星系（M104）

这个星系以著名的墨西哥草帽命名，它的标志是构成其旋涡结构的暗尘埃带。我们几乎是从正侧面看过去的，视线在赤道面以北只有6°。

支配星系旋臂的物理规律可以被比作一个更常见的问题——堵车。所有的汽车都以几乎相同的速度行驶，但是如果道路繁忙，那么一辆汽车的速度稍慢一点就会导致后面的汽车越积越多。这恰恰就是环绕星系中心的尘埃或者气体在旋臂积聚时发生的事情。每辆汽车只是在拥堵中停留有限的时间，最终都会通过拥堵路段并继续在公路上行驶，但是堵车仍持续存在，只是堵在路上的车换成了别的车。

我们已经能够通过多普勒效应来测量很多旋涡星系的旋转。如果一个旋涡星系在旋转，那么其中一侧的物质会接近我们，而另一侧的物质则会远离我们（当然，需要排除星系的整体运动）。这种运动可以通过谱线的位置被揭示出来，因此能够推导出旋转的速率。但是，一个奇怪之处却有着深刻的意义。

◄ **仙女座星系（M31）**

距离我们最近的大型星系，也是除了银河系外，我们了解得最多的星系。在这个紫外线图像中，正在形成恒星的区域是蓝色的，而已经存在的恒星呈黄色。

▼ **涡状星系（M51）**

这个奇怪的天体包含一个大型涡状星系和一个较小的、有棒且更加不规则的伴星系。其中较大星系的完美旋臂可能是较小星系牵引的结果。它也是首个被分辨出内部恒星个体的外部旋涡星系。

↑ 巨椭圆星系（NGC 1316）

尘埃带可见，附近的一些类星天体是
球状星团，它们是包含 1 万 ~ 100
万颗恒星的巨大恒星系统。像这样的
椭圆星系中的大部分恒星都很古老，
形成时间早于 20 亿年前。

→ 雪茄星系（M82）

是什么照亮了不规则的雪茄星
系？附近的 M81 在从近处经过时
对它产生了扰动。最近的证据表
明，扩散出的红色气体可能是由
很多恒星的粒子风合并而成的超
星系风吹出的。被这个风裹挟的
物质在以极快的速度运动。

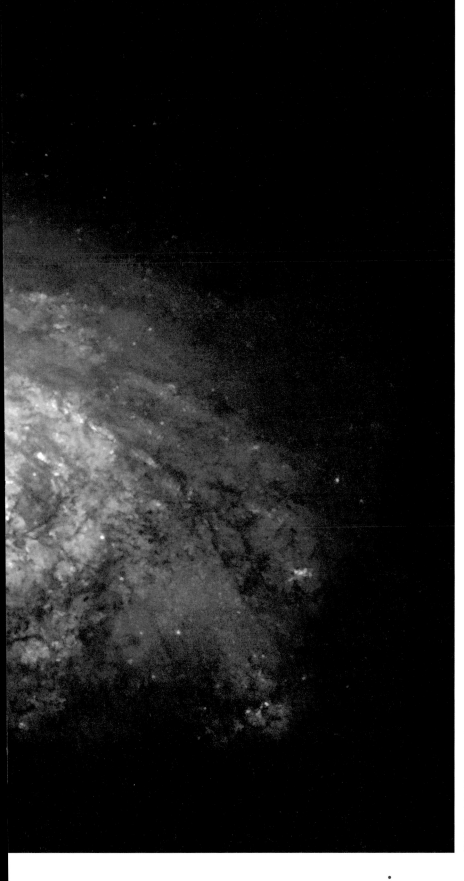

**◄ 尘埃状旋涡星系
（NGC 4414）**

哈勃太空望远镜经过 13 次独立曝
光才得到了这幅美丽、充满细节
的图像。较为年老的黄色和红色
恒星聚集在中心区域，而外侧旋
臂则比较蓝。在盘面上传播的压
力波在这些旋臂结构中促使了年
轻的蓝色恒星的形成。

神秘的暗物质

在太阳系中，行星距离太阳越远，公转的轨道速度就越慢，因为距离太阳越远，引力就越小。从逻辑上讲，相同的规律也适用于旋转的星系：靠近中心的恒星的运动速度应该比较远恒星的运动速度快得多。然而，令天文学家感到惊愕的是，这并没有发生。远处的恒星有着比预料中更短的宇宙年，所以旋臂没有快速解体。星系的行为介于太阳系和一个实心物体之间，表现得就像是旋转的自行车车轮。靠近车轴的泥点的移动速度比在轮圈上的更慢，但是它们都在相同的时间里旋转了一圈。

如果星系中的恒星只是像行星绕太阳旋转那样绕着一个中心质量旋转，那么就无法解释这种奇怪的行为。唯一可能的答案就是，系统的质量并没有全部集中在中心或者中心附近，而是分布在星系盘和星系的外侧。最合理的解释就是在整个星系晕中分布着暗物质（Dark Matter）。暗物质完全不可见，但是通过引力作用暴露了其自身的存在。

暗物质能否只是一些普通的物质，比如数量巨大的低质量恒星，它们非常暗淡以至于无法被我们看到，除非它们至少以宇宙学标准来说离我们特别近？确实有数量巨大的恒星（一项最新的估计是可观测宇宙中恒星的总数量为 7×10^{22} 颗），但是它们的质量加起来似乎也不足以解释暗物质的数量。

这些物质可能被囚禁在黑洞之中吗？我们可以测量已经了解的黑洞的质量，但总质量却远远不够。（史蒂芬·霍金曾经预测过质量在地球这个量级的黑洞的存在，但是我们从未发现过这样的黑洞。）一个最初更有希望的解决方案包括了中微子，它们是不带电荷、快速移动的粒子，不容易被探测到，但是数量惊人，是由恒星的反应产生的。每秒钟都会有成千上万的中微子穿过我们的身体。中微子哪怕只有微小的质量，也可以为暗物质提供一种解释。

我们现在对中微子的了解已经比数年前多了很多。尽管它们并不是完全无质量的，但似乎可以肯定的是，它们不能提供足够的质量来解决我们的问题。

我们还有两个解决方案。第一种是暗物质由仍然未知的基本粒子构成，每个质量都很小，但是却有足够多的数量，可以来解释这些差异。这些假设的粒子被称作弱相互作用大质量粒

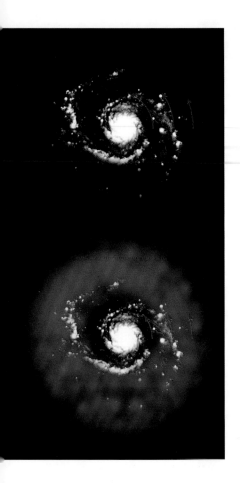

↑ 暗物质

如果我们所见的物质就是全部存在的物质，那么引力定律预测星系外围的旋臂会比靠近中心的旋臂转动得慢得多（上图）。事实上，观测显示所有旋臂以相同的速度转动（下图）。一种解释是存在一个不可见的暗物质晕。

子（Weakly Interacting Massive Particles，缩写为WIMPs），粒子物理学对它们确切是什么样子的有明确的预测。另一种解决方案是暗物质由普通物质构成，存在于质量大却暗淡的天体中，比如行星或者被称作褐矮星的小型恒星。这些天体被称为晕族大质量致密天体（Massive Compact Halo Objects，缩写为MACHOs），被认为隐藏在大质量星系的星系晕中。不过，对这些天体的搜寻没有什么积极的结果。目前，我们等待着发现路过的弱相互作用大质量粒子。当我们遇到暗能量时，更糟糕的情况还在后面。

有暗物质的替代者吗

我们的目标是给出一个描述宇宙如何演化的模型，这个模型得到了目前大多数观测证据的支持。但是在很多方面，这个模型是令人相当不满意的，因为它依赖于两种未知的宇宙成分，分别是暗物质和暗能量。在宇宙的舞台上，任何摒弃这些神秘成分的理论，都值得我们认真考虑。

最有前途的替代理论都被归入了修正牛顿力学（Modified Newtonian Dynamics，缩写为MoND）这个范畴。这类理论通过对引力理论进行很小的调整来移除对暗物质的需要。过去，MoND理论曾经取得了显著的进展，可以在星系尺度上解释此前只有暗物质理论才能解释的大部分现象。但是，最近对被称作子弹星系团（Bullet Cluster）的星系团1E 0657-56的观测却呈现出用简单的修正牛顿力学的理论非常难以解释的现象。

子弹星系团图像中的粉红色区域（下图）是由美国国家航空航天局的钱德拉X射线天文台（Chandra X-ray Observatory）观测到的热气体的X射线。蓝色区域代表了对星系团中物质位置的估计，这个结果是通过它对背景星系光线的影响进行追踪得到的。通过X射线辐射可看到，普通物质位于星系团的中心，而总的物质则要分散得多。这只有一种解释，即星系团中的大部分物质以冷暗物质的形式存在。冷暗物质对解释星系有足够的引力作用并把星系约束在一起不可或缺。现在来说说，这是为什么。

子弹星系团被认为是两个星系团在最近通过碰撞形成的。上图展示了来自美国国家航空航天局的动画电影中的静止图像，这很有说服力地展示了碰撞发生的可能方式。令人惊讶的是，在这样的星系团中，不同星系之间的广大空间中的气体的质量可以占到总质量的一半左右。令人意识到在这些图片中，在这些波

▼ 子弹星系团

在这个星系团1E 0657-56的复合图像中，单独的星系以它们在光学波段的样子被展示出来。它们的质量加起来远不及图中用红色标出的这个星系团的两个炽热的发出X射线的气体云。星系团中暗物质的分布用蓝色标出，暗物质的质量比星系和气体加起来的质量还要大。暗物质通过观察背景星系的引力透镜被描绘出来。

➜ 看见不可见

这个三维图像首次展示了宇宙中暗物质的分布。它展示出纤维在引力的作用下坍缩并逐渐成块。我们如何能够看见这些不可见的东西呢？我们通过观察50万个遥远星系的形状构建起这幅图像：暗物质会使它们的光稍微偏折，因此我们不是直接看到暗物质，而是通过暗物质对朝向我们的光线的影响来间接看到它们。

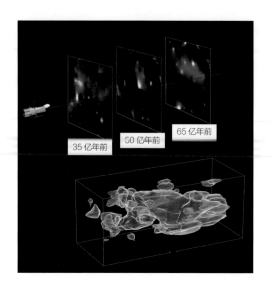

长上，我们根本看不见星系——我们"看到的"只是气体，这一点很重要。当这两个星系团开始彼此穿过时，单个星系几乎不会发生碰撞，有的话也非常非常少见，因为星系之间的空间实在是太巨大了。但是，空间中的气体分子会发生碰撞，相互散开，有效地减慢了物质的运动。这就是普通物质表现出来的行为，结果就是普通物质（重子物质）形成大的结块。这就是可在图中看到的位于中间的粉红色图形，它是由两个原始星系团中的气体组成的。然而，如果我们猜想（看起来是最简单的假设）星系团中的冷暗物质只同引力发生作用，那么在这种情况下就不会因为碰撞而减速。这样，伴随着整个过程的进行，星系团中的暗物质可能始终前进并穿过气体团块。当它们聚集在星系团的边缘时，这个过程在星系团的两侧结束，与我们看到的"子弹"形状一样。

计算子弹星系团中质量分布的方法已被应用于其他星系团，只不过在其他星系团中，没有出现像在子弹星系团中那样令人吃惊的结果。天文学家使用哈勃太空望远镜用约1000小时的观测结果来成像，同时使用位于夏威夷的昴星团望远镜（Subaru Telescope）去测量我们与图片中的星系的距离，他们甚至绘制出了暗物质的三维图像。

与此同时，子弹星系团提醒我们，暗物质的概念不断带来了有说服力的解释，因此仍被认为是一个合理的理论。尽管关于这种非重子物质的准确性质的争论仍在继续，但很显然，即便是修正的引力理论，也不能抹杀暗物质——这种我们永远看不见的物质——存在的必要性。

为什么需要暗能量

根据最新的估计，可见宇宙——也就是我们可以看到的一切：星系、恒星、行星——只占宇宙中能量的4%。另外有23%是暗物质，剩下的73%则被归于我们所称的暗能量（Dark Energy）。

大约在大爆炸后70亿年，膨胀已经在引力的作用下减速。引力是唯一能在宇宙尺度上产生明显作用的力，它是吸引力，要把物质拉回到一起。我们预计引力的强度将决定宇宙的最终命运。

宇宙在我们正在讨论的这个时期里还在膨胀，现在也还在膨胀。但是，是膨胀会永远进行下去，还是星系会在很多亿年后倒退并在一次大挤压（big crunch）中再次回到一起？所有都取决于宇宙中物质的平均密度，这个平均密度由一个希腊字母 Ω 来表示。如果 Ω 大于1，那么引力占主导地位，待时机成熟时就会产生一次大挤压。如果 Ω 正好等于1，那么膨胀就会转而变慢但不会停止，这被称作平坦的宇宙。如果 Ω 低于这个临界值，那么膨胀会继续变慢但会永远持续下去。正如我们在考虑暴胀时说过的那样，已有的证据似乎说明宇宙是平坦的，但是对一类特殊类型的超新星（即 Ia 型超新星）的观测则在提醒我们，事情可能更加复杂。

我们可以通过寻找这些超新星来回看这个大致处于大爆炸和今天之间中间点的关键时期。为什么这些不寻常的爆炸如此特别？它们都达到了相同的极大光度，因此它们可以被用作标准烛光，让我们可以测量距离。把这个爆炸应该有多亮与它在夜空中看起来有多亮进行比较，根据二者之间的差异可以推算出这颗超

↑ 甚大阵

这是在美国新墨西哥州的平原上由 27 架射电望远镜组成的可移动阵列，每架望远镜的直径为 25 米。这个星球上最强大的射电望远镜甚大阵列在电影《接触》中扮演了重要角色。

不可见光天文学

我们知道，可见光只占电磁波谱中非常小的一部分。只是到了相对现代的年代里，我们才能够建造设备来研究所谓的"不可见光天文学"。研究范围从波谱一端的射电波到另一端的 γ 射线。

一些研究可以在地球表面进行。许多人很熟悉巨大的射电望远镜，比如焦德雷尔班克的望远镜本质上就是大型天线。你当然不能通过射电望远镜去看到什么东西。

红外天文学研究也可以在地球表面进行。然而，电磁波谱中的很多其他波段被地球大气层严重遮挡，这意味着我们必须使用天基研究方法，比如利用探测器和卫星。例如，对几乎整个 X 射线天文学来说都是如此。1999 年，一颗重要的卫星——钱德拉 X 射线天文台发射升空，为这个领域提供了大量的观测信息。

如果我们只能依靠可见光，那我们就像是一位要试着去演奏小夜曲的钢琴家，但是这位钢琴家的钢琴只有中间的八度键盘，而没有其他琴键。

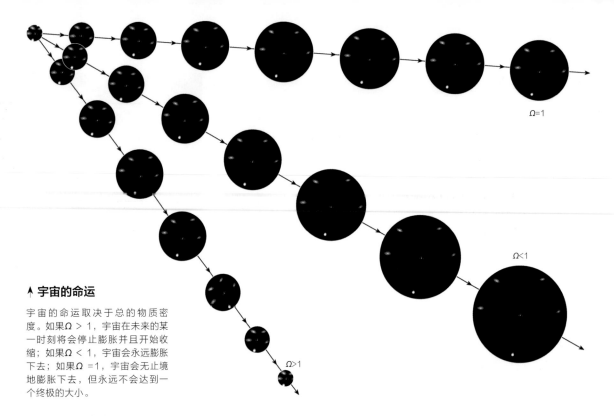

↑ 宇宙的命运

宇宙的命运取决于总的物质密度。如果Ω > 1，宇宙在未来的某一时刻将会停止膨胀并且开始收缩；如果Ω < 1，宇宙会永远膨胀下去；如果Ω =1，宇宙会无止境地膨胀下去，但永远不会达到一个终极的大小。

Ω=1

Ω<1

Ω>1

新星距离我们有多远。那些看起来比应有的程度更亮的超新星，一定是比预期中离我们更近。

为什么所有这些超新星都应该具有相同的应有光度？这种类型的超新星被认为是由一颗普通恒星的白矮星伴星的彻底毁灭产生的。小而致密的矮星从其较大的伴星那里吸引了太多的物质，最终变得不稳定，导致发生了一次巨大的热核爆炸，把自己炸得粉碎。因为这种爆炸总是在大致相同的临界质量下发生的，所以，在各种情况下，爆炸的光度都是一样的。不过，光度还是有一些差异的，这些差异取决于爆炸燃料的组成等因素，而这些差

本不该有的超新星

　　神秘的宇宙加速的最初证据来自对Ia型超新星的研究。它们被当作标准烛光，因为无论它们在宇宙中的什么地方爆炸，它们总是以同样的光度在发光。自从发现Ia型超新星开始，技术变得更加复杂，天文学家现在已经能够通过研究超新星达到最大亮度所需的时间以及其衰减的速度等因素来校准光度的微小波动。这个原理一直很可靠，直到一颗超新星的出现。SN2006gy非常奇怪，它异常明亮。计算表明，参与爆炸的物质的质量一定超过了钱德拉塞卡极限，即1.4倍太阳质量，这是一颗白矮星可以获得的最大质量。这样一颗有更大质量的Ia型超新星，对这些被广泛接受的解释天体的理论提出了质疑。它有一个非常奇怪的光变曲线，与所有的宇宙学巡天相抵触，我们目前还不能解释它的特别的光度。

异是可以被修正的。

我们有两种方法来计算超新星所在星系同我们之间的距离：可以从光谱中的红移里推出，也可以从超新星的峰值光度中推出。但事情有些不对劲。超新星看起来比其应有的样子更暗淡，因此它们似乎应该比预期的要远。这是天文学家最意想不到的事情。只有一种看起来可能的解释：宇宙现在膨胀的速度一定比以前更快，即宇宙的膨胀一定是在加速而不是在减速。这种使宇宙加速膨胀的能量被我们称作暗能量。

第五种力

这怎么可能？纵观整个物理学的历史，只有四种力被认为在解释物质之间所有可能的相互作用时是必要的：电磁力（用来解释异种电荷之间的吸引力）、强核力（把原子核束缚在一起）、弱核力（引起放射性衰变）以及引力（在整个宇宙都起作用的吸引力）。引力是四种力当中最弱的，但却是天文学家一直关心的，因为它是唯一一种长距离作用力。（电磁力也可能有长程作用，但是由于物质总体呈电中性，因此这种力会被抵消。）然而，一个加速的宇宙需要此前没有展示效应的第五种基本作用力。

对第五种力的理论上的推测，大部分在最初提出时就被抛弃了。它们引导我们进入真空力和虚粒子的奇异世界。我们很自然地认为真空中不存在任何物质，但是量子物理的知识告诉我们，这可能是一种过度简化。实际上，任何真空都充满了沸腾的虚粒子。虚粒子由一个粒子和一个反粒子组成，总是成对出现。这些携带相反电荷的虚粒子在发生碰撞、相互湮灭之前几乎存在不到 10^{-43} 秒。这个过程可以被描述为真空"借来"它创造粒子所需的能量，然后

↑ 阿尔伯特·爱因斯坦

图为爱因斯坦（Albert Einstein）在黑板前，1923 年 12 月 6 日拍摄于荷兰莱顿。

爱因斯坦最大的错误

爱因斯坦和其同时代的每一个人都相信宇宙是静态的，它在最大尺度上保持不变。他意识到，他的相对论不允许宇宙保持稳定——坍缩是不可避免的。因此，他引入了"宇宙学常数"——一个人为加入的系数，以平衡方程中的引力，使宇宙保持静态。爱因斯坦的发现都建立在基于逻辑所获得的结论的基础上，无论逻辑把他引向何处。但是令人惊讶的是，这一次爱因斯坦并没有相信方程告诉他的结果。如果他这样做了，那他可能比哈勃的发现早5年就预测了宇宙的膨胀。在哈勃建立起宇宙并非静态的理论后，宇宙学常数几乎被彻底遗忘了，只有在提到这个被爱因斯坦称为其"最大的错误"时才会被记起。

在宇宙其余的部分注意到之前，再通过湮灭把能量还回去。然而，在极短的存在时间里，它们会对周围环境产生影响——在实验室里，我们发现它们会产生斥力。这可能就是我们正在寻找的东西。真空的体积越大，这种力就越大，所以我们预计这种力会随着宇宙的膨胀变得更大，正如我们所观测到的那样。

宇宙切变

　　暗能量存在的进一步证据来自一个意想不到的来源。通过观察几十万个星系的形状，天文学家能够通过每一个星系发出的光来测量宇宙的膨胀。这种方法叫作宇宙切变（Cosmic Shear），它依靠的是光线经过物质时产生的弯曲。这个效应最壮观的例子就是爱因斯坦环。当来自遥远星系的光从附近一个系统的旁边经过时，会被严重扭曲，以至于以该系统为中心形成一个环。星系的图像也会经常被扭曲和拉伸成弧形。尽管这是些极端的例子，但其实我们看到的每个星系的图像都存在某种程度的畸变，而畸变的程度反映了光在到达观察者这里之前经过的物质的数量。对大多数星系来说，这个效应很微弱，只会显示为星系在天空中的位置的微小偏移。然而，存在一个问题。我们只看到了偏折发生后的星系，而若要测量光线通过的物质的数量并计算出膨胀的大小，则需要把我们看到的图像同这个星系在未发生畸变之前的图像进行比较。对任何特定的星系而言，这都是不可能的，但是天文学家通过现代巡天获得了大量星系的可用数据，这就有可能对很多星系取一个统计上的平均值，并用这种方法从中提取信息。结果看起来是无可争辩的——加速膨胀对于解释光从星系发出后到达我们这里的路径是必要的。

　　然而，这里却有一个十分出乎意料的结果。在发现宇宙加速膨胀之前，粒子物理学家想出了大量的理由来解释为什么这种被很多理论预言出的效应没有出现在我们的宇宙中。事实上，我们处在这样一种境地中，似乎有可能解释为什么根本就没有斥力，或者为什么会有一种极大的效应。遗憾的是，我们观测到的只是一种很小的力（尽管在整个宇宙内累加起来，它的效应还是很明显的），且还存在严重的分歧。事实上，天文观测结果和最好的理论模型之间的差异大约为一个 10^{120} 的因子，这一定是在科学史中的任何时间点上都不曾出现过的理论与实验之间的最大误差。然而，这是我们已有的最佳解释。情况甚至可能会更加复杂。我们假设这种斥力不随时间变化，然而，除了不想把事情搞得复杂以外，我们做这种假设没有任何真实的理由（奥卡姆剃刀是一个经常被科学家引用的原理：当其他一切都一样的时候，最简单的

解释就是正确的那个）。一些宇宙学家相信用于解释加速的力的
强度确实会随时间发生变化。

　　通过进一步的观测和已在计划中的测量，很多问题会在接下
来的数十年中得到解决。不过公平地说，就目前而言，我们在很
大程度上还被蒙在鼓里！

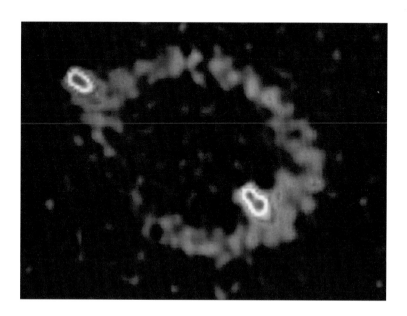

⌃ 巨型引力透镜

这张来自哈勃太空望远镜的令人
惊讶的照片一经展示，就令天文
学家驻足。它是对爱因斯坦广义
相对论的直接验证，该理论预言
了光线会受大质量物体引力的影
响进而发生弯曲。阿贝尔星系团
2218 是一组黄色星系，它们的
质量加起来足够大，因此形成了
一个透镜，使得远得多的一组蓝
色星系产生了多重扭曲的弧状图
像。有些时候，同样远的星系团
能产生多个图像。

◂ 爱因斯坦环

从遥远的射电源 4C 05.51 发出
的辐射强烈地暗示电磁波被一个
大质量前景天体——比如一个类
星体——所弯曲，形成一个对称引
力透镜。这种完美的形状由爱因
斯坦在 1936 年首次提出，是一
种非常罕见的现象。到目前为止，
只有少量的爱因斯坦环被发现。

第四章
恒星和行星

大爆炸后 90 亿—92 亿年

在前面的章节里，我们看到了被第一代恒星照亮的宇宙，也看到了第一代星系的形成。在大爆炸发生90亿年后，宇宙看起来非常像我们现在的局域情况，星系中充满了第二代恒星。现在是时候说说恒星的演化了。我们已经说了关于第一代恒星的情况，但却跳过了它们的实际形成过程，因为我们更关注它们在整个宇宙中的影响。我们看到它们在辉煌的燃烧中结束了短暂的生命，看到超新星爆炸广泛地播撒了重元素。另外，还有一个非常重要的效应：爆炸的激波触发了邻近气体云中新恒星的形成。

在很长一段时间里，类星体都是最引人注目的天体，因为位于它们中心的黑洞消耗了大量的尘埃和气体，释放了大量的能量。随着尘埃和气体被耗尽，类星体变暗，宇宙剩下了大量的"普通"星系。50亿年前，气体转化为恒星的速度变快，宇宙变得更加明亮。不过，在40亿～50亿年前的某个时候，燃料开始耗尽，死亡的恒星渐渐多于新生的恒星。大概就在同一时期，在一个不起眼的旋涡星系中，太阳开始形成，因此让我们更细致地考察一下恒星形成的过程吧。

恒星的诞生

星系中恒星的形成并不均匀。周围环境的物质条件可促进坍缩的进行，银河系的旋臂就是个很好的例子。对于任一旋涡星系，只要对它稍加观察就会发现旋臂中的恒星往往是蓝色的，而核球中的恒星是黄色的。旋臂中炽热的大质量蓝色恒星在宇宙尺度上的寿命很短暂，只能持续数千万年。这意味着，不管我们在哪里看到蓝色恒星，都可以肯定我们正在观察的是一个新近形成的恒星区域。我们得出的结论是，在旋涡星系中，恒星的形成集中在旋臂上。

包括太阳在内的所有恒星，都在被称作星云的巨大的恒星温床中形成，我们可以把这里当成储存气体和尘埃的地方。在星云内，物质可以免遭弥漫在宇宙其他地方的强烈辐射的影响，所以物质可以冷却到非常低的温度。这对于恒星形成的整个过程至关重要。最开始，冷却是因为氢分子辐射出能量。能量的损失使气体云冷却下来，温度降低。之后，碳原子和氧原子可以更有效地完成这个工作。这个区域的气体在引力影响下的坍缩被粒子的随机运动所阻止，如果这些粒子运动得很快，那么它们就会摆脱引力的控制。这样，这个团块就永远不能坍缩到足以形成一颗恒星。对恒星形成区的现代观测表明，这是一个持续的过程，团块持续地产生和消散。

↑ 太阳系的形成

太阳形成后剩余的物质构成了一个围绕这颗年轻恒星的圆盘，太阳强大的喷流清晰可见。大型天体开始在圆盘中形成，碰撞变得很常见（图中右下角）。

**➜ 巨大的恒星温床
（NGC 604）**

在附近的星系 M33 的巨大尘埃云中，很多新的恒星正在诞生。这些年轻恒星中有很多不仅能直接看到，也能间接看到，因为它们的光芒照亮了星云的其他部分。

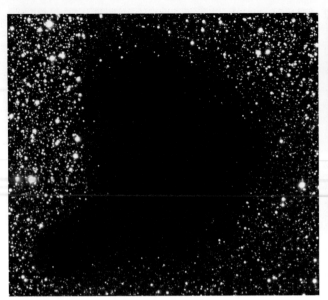

↑ 从暗云到恒星

这是博克球状体 B68，左图用可见光拍摄，右图用红外线拍摄。尘埃和气体云是恒星的温床。这个奇怪的暗云，此处看是遥远恒星的明亮背景前的剪影，其实是很多原恒星的前身。正如在右图中可以看到的，向较长的波段移动使得像本书作者克里斯这样研究恒星形成的天文学家能够看穿这些暗云。

不过，记住粒子的速度取决于温度，温度越低，粒子运动得越慢。如果气体能充分冷却，那么引力将赢得这场拔河比赛，冷却的气体就会坍缩。

一旦坍缩达到了某个程度，就不会再逆转，一个原恒星核就形成了。这样的一个核包含了数量巨大的微小粒子，天文学家称之为尘埃。它们比沙粒还要小一点，主要由碳和硅的化合物组成。正是这种尘埃使得研究恒星的形成如此困难，特别是在光学波段上，因为可见光几乎完全被这些尘埃遮住了。就温暖尘埃的区域而言，红外观测很有用。然而，在恒星形成的最早期，温度可能会降到只有10K，这时连红外探测都无计可施。为了观测这些宇宙中最寒冷的地方，我们必须将目光转向光谱中的亚毫米波段。

星云内部的温度如此之低，以至于气体冻结在尘埃上。气体中主要是氢气，但也包含一些简单的化合物，比如一氧化碳。每种类型的分子都形成一个冰层。事实上，这个层状结构或许是过于简化的，不同分子的混合物在尘埃颗粒的表面形成了复杂的结构。

这些温度极低的气体移动缓慢，加上令人难以置信的低密度，使分子之间的碰撞很罕见，即使能发生，能量也会很低。值得注意的是，这里天文学家所称的"致密"的云与在地球上的实验室里理想的真空差不多。因此，发生的化学反应相对较少。

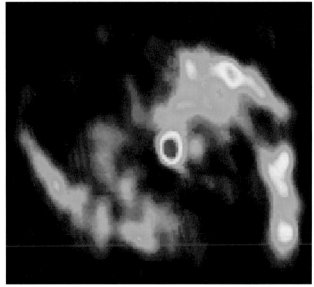

↑ 涡状星系（M51）

这个超级星系的旋臂是大质量明亮恒星诞生的地方。左侧是可见光波段的图像。右侧是亚毫米波段的图像，展示了在可见光图像中被尘埃遮蔽的位置上活跃的恒星的形成。

一旦分子在尘埃颗粒的表面冻结，情况就大不相同了。分子一个挨着一个，有一些迹象表明分子或原子（特别是像氢一样的轻原子）会在颗粒的表面自然地四处移动。这样分子相遇时，化学反应就可以迅速发生，而且包含10个甚至更多原子的相当复杂的分子也可以形成。但对天文学家来说，这些仍然都不可见。这个过程很重要，它表明了复杂分子的产生是恒星形成过程中的一个自然结果，而且当行星开始从剩下的碎片中形成时，复杂分子便已经就位了。

与此同时，坍缩在继续，中心核的密度在持续升高。在这个阶段，团块的跨度为几光日（Light-Day），是太阳系大小的几十倍。最终，密度变得足够大，使氢原子有足够的能量通过碰撞形成氦原子。在相对黑暗的气体团块的深处，恒星已成功点火。此时恒星仍然不可见，因为它仍然被周围的尘埃遮蔽。

这个只要一发生，周围的尘埃和气体的团块就会开始快速被加热，并且转变成我们所称的"热核"。这是一个误解，因为离热还很远，温度只有300K，大约和英格兰南部9月的气温差不多。尽管如此，冰融化了，把新形成的化学物质释放到气体中，并在那里形成了复杂分子的混合物，这些可以被对亚毫米波敏感的望远镜探测到。这个阶段持续的时间不超过1万年，在天文学中只是一瞬间而已。

↑ 创生之柱

这可能是哈勃太空望远镜拍摄的
最著名的照片，从中可以看出这
些像艺术品一样的星际气体和尘
埃柱是孕育恒星的场所。一些新
近形成的恒星从刺状特征的尖端
显露出来。

生命的化学

在这些温暖的区域中，已经探测到超过100种分子，其中很多对地球上的生命来说并不陌生，例如甲醇和乙醇。我们甚至有希望探测到一些基本的氨基酸，这是构成所有蛋白质进而形成所有我们已知生命的基础。如果不管恒星在哪里诞生，复杂的化学物质都可以自然形成，并且存在于形成行星系统的物质中，那么可能会快速推动更复杂的生命的形成。

还有其他的间接证据证明，地球生命所需的化学物质是在太空中形成的。据我们所知，地球和其他行星上的生命总是完全基于一种原子：碳原子。每个碳原子可以与种类多样的分子形成多至4个稳定的化学键，正是这种与4个分子相连接的能力赋予碳原子一个叫作手性（chirality）的性质。其他分子没有这样的通用性。硅有些类似，但是除了在科幻作品里，其他任何地方都没有发现硅基生命存在的证据。

想象一个碳原子与4个完全不同分子的连接。这时有两种排列方式——彼此互为镜像——我们称之为左旋（left-handed）形式和右旋（right-handed）形式。这两种排列形式的物质有相同的化学式，由相同的5种成分构成。尽管如此，它们仍会有稍微不同的化学性质和物理性质。所有简单的化学过程都应该产生相同数量的左旋分子和右旋分子。

对于发生在生物体内部的复杂化学反应来说，选择哪种分子意义重大。值得注意的是，不管在哪里，生命似乎都做出了相同的选择——地球上所有的生命都只使用左旋分子。为什么会这样呢？一开始，两种分子的数量相等，可为什么只有左旋分子的混合物参与生命过程？原来，在形成恒星的星云中，从尘埃中散射出来的光由于具有一种被称作圆偏振的性质而破坏了右旋粒子，

一颗恒星有多亮

星等是对恒星视亮度的量度。标度方式与高尔夫球手的比赛方式类似，最优秀的选手分值最低。这样，一颗星等为1的恒星要比一颗星等为2的恒星更亮，而星等为2的恒星比星等为3的恒星更亮，以此类推。在一个晴朗的夜晚，一个人在黑暗的地方平均能用肉眼看到星等为6的恒星，而现代化设备可以看到30等星。

在标度的另一端，夜空中最明亮的恒星——天狼星的星等是−1.5，而最明亮的行星——金星的星等超过−4，太阳的星等为−26.7。

但左旋粒子却毫发无损。当恒星正在形成之时，这种偏好左旋分子的模式就可能已经确立了。当然，这些可能存在于陨石或者彗星上的分子必须在落向年轻地球表面的旅程中幸存下来。这是令人望而生畏的前景，这样的旅程很有可能使我们在正在形成的恒星周围看到的复杂分子遭到破坏。

关于原恒星周围残留的物质，就先说到这儿，稍后在讨论行星形成时，我们再讨论它。新生恒星的情况怎么样呢？狂暴而不稳定的新恒星仍然被包裹在气体和尘埃中，从它的表面吹出一股由粒子组成的强大的"星风"，阻止了更多物质向内坍缩。此外，恒星的两极还有可能发出强大的喷流，这些喷流清理了周围大部分的星云物质。大约在坍缩开始100万年后，就到了恒星演化的金牛 T 型星（T Tauri）的阶段。恒星仍然在收缩，并且在不规则地闪烁。一个物质盘环绕着恒星，从新恒星附近一直延伸到数百个天文单位之外。在接下来的1000万年左右里，围绕恒星的云团的剩余部分被逐渐扫清，只留下物质盘。最好的例子是南极的恒星绘架座 β（Beta Pictoris），用一种叫作日冕仪（coronagraph）的特殊仪器来屏蔽掉来自恒星自身的光线，就能很容易地观测到它的物质盘。

中年的恒星

到此时恒星已经停止了收缩，进入一个稳定的中年阶段，这个阶段被称作主序（Main Sequence）。换句话说，核心发生的反应提供了足够的能量来支持恒星的外层，以抵抗向内拉的引力。恒星由核心产生的气体压和辐射压支撑。恒星太大了，单个光子要花很长时间才能从恒星的核心逃出，就太阳来说，这可能需要100多万年。整个过程通过自然的热平衡进行调节：如果恒星在引力的作用下开始收缩，那么核心的温度就会升高，进而会发生更多的核反应，产生更多的能量，使恒星膨胀到原来的大小。达到热平衡后，引力和压力彼此抵消，恒星可以继续舒适地停留在主序阶段达数十亿年。

我们从恒星在巨大的星云中形成开始，接着集中描述单颗恒星的形成，这给人一种略带误导的印象。每个活跃的恒星形成区都会同时产生很多颗恒星，而在这些条件下形成的大多数恒星都是作为星团的一部分开始自身的生命周期的。一个很好的例子是在猎户座星云中的由4颗明亮的年轻恒星组成的猎户四边形星团，它所处的是离我们最近的大型恒星形成区。大多数像太阳一样的恒星都是在双星或者多星系统中形成的，在这样的系统里，两颗

➤ 赫罗图

赫兹伯隆－罗素图（赫罗图）是一种描述不同恒星类型之间差异的方法，它将光度表示为温度（或者是颜色，因为热的恒星是蓝色的，而冷的恒星是红色的，二者等价）的函数。绝大多数恒星位于从左上（炽热明亮的蓝星）到右下（较冷暗淡的红星）的主序上。这里的"序列"不能理解为恒星随着年龄增长会按照这个顺序移动。在接近生命终点的时候，大部分恒星离开主序，向右移动，成为巨星。质量最大的恒星首先离开；接下来是像太阳一样的中等质量恒星，它们位于主序上的时间达到80亿年；最后离开的是最小的矮星。一个较老的星团会缺少主序的蓝端，因此它成为一种确定遥远星系中的星系团年龄的有价值的方法。

➤ 正在形成另一个太阳系吗

这里看到的是恒星绘架座 β 的红外图像。图片显示出从侧面看到的一个环绕的明亮物质圆盘，中间有空隙的原因是来自恒星自身的光线被挡住以完成了曝光。这张图片还显示出其内部有一个大小和太阳系相当的透明区，这是行星形成的证据。

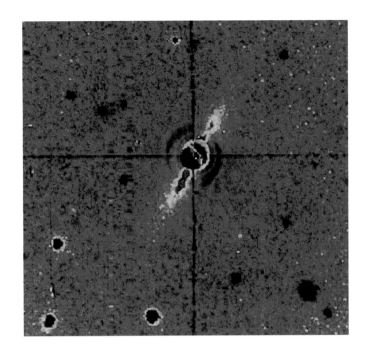

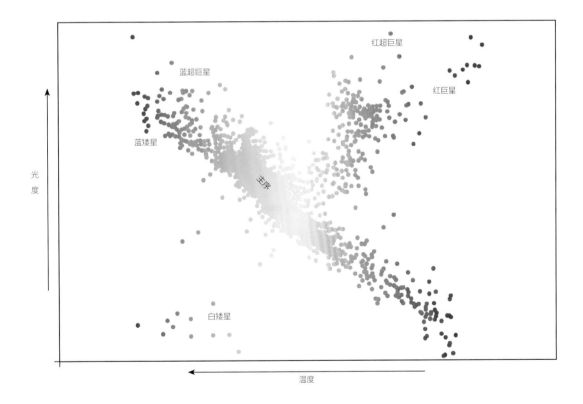

或者更多的恒星在足够近的位置一起形成，并且进入彼此环绕的轨道。这样的系统不稳定，三星系统经常会通过引力相互作用把质量最小的成员抛射出去，但也并非总是如此。抛射速度通常非常快。在星团中也会发生相似的过程，恒星以非常高的速度被抛射出去。它们高速离开的同时带走了引力能。这种能量的损失导致星团中剩余的恒星在附近恒星引力的拉力作用下被束缚得更紧，直到形成一个稳定的星团。尽管存在这些过程，但还是会出现某种类型的多星系统。太阳这种独立的状态是非常少见的。

太阳系的形成

在原太阳附近，剩余物质形成扁平旋转的圆盘。物质形成扁平形状的事实解释了为什么行星的轨道倾角如此相似。相对于地球轨道，水星轨道的倾角只有7°，而其他大行星的倾角都小于4°。这也解释了为什么所有行星在轨道上都以和地球相同的方式运转——从太阳的极区上空看，所有行星都以相同的方向绕太阳旋转。

甚至小行星和柯伊伯带（Kuiper Bert）的成员——在太阳系的外层区域新发现的一大群小天体——也都遵守大部分规则。没有一个小行星或者柯伊伯带天体以"错误"的方向旋转，在最早发现的100颗小行星中只有4颗的轨道倾角超过20°。彗星则不同，因为它们的质量小，容易受到行星的扰动，所以轨道偏心率和轨道倾角的变化范围很大。包括哈雷彗星在内的长周期彗星是逆行的，也就是说，它们的绕行方向和行星相反，就像是在环岛上逆行的汽车。

研究人员开发出了一个复杂的模型来描述观测到的环绕年轻恒星的圆盘是如何形成太阳系的。大多数人会同意，小型岩质行星在靠近母星处形成，而氢气和其他较轻的气体被恒星风吹走。在太阳系中，有水星、金星、地球和火星以及稍远一点的位于火星和木星轨道之间的小行星带。因为木星引力牵引具有破坏力，所以没有大型行星在这里形成。

较远的地方情况则不同。在那里，较轻的气体没有被吹走，所以一旦一个行星核变得足够大，它就可以收集这些气体，然后形成一个巨大的大气层，从而变成一颗气态巨行星。木星和土星就是来自太阳系的最好的例子。对这些巨行星来说，看起来的表面实际上是它们的大气层顶部，对较小的巨行星天王星和海王星来说也是如此。

↑ 太阳系

这是从海王星外望向太阳时的太阳系艺术想象图。在这个视角中，即使夸大了内行星的大小，也还是很难看见它们。当然，实际上所有的行星看起来都是暗淡的光点，太阳也只是一颗普通的恒星。

再往外，我们就到了一个被小得多的天体占据的区域。这里的物质缺乏，因此在这里形成的天体永远达不到捕获明显的大气层所需的临界大小。在太阳系的边缘有柯伊伯带，冥王星是其中最著名的成员，尽管它的直径只有2376千米，比月球还小一点。第一个柯伊伯带天体在1992年被发现，现在已知的已经有数百颗。冥王星并不是第一个柯伊伯带天体，它现在通常被认为是这些天体中最大的一个，而不是一颗真正的行星。在距离太阳更远的地方，还有其他环绕太阳的天体。在这个黑暗的区域里，至少有两个天体的大小和冥王星相当，分别是夸欧尔（Quaoar）和赛德娜（Sedna）。

这个基本的图景大体上是正确的，但并不是故事的结束。随着气态巨行星在圆盘中部形成（木星在太阳系中的位置），圆盘中出现了空隙，这里的物质都已经被行星清除了。我们可以观测到这个过程，在围绕一些年轻恒星的圆盘中已经探测到了这样的空隙。在这种情况下，行星和圆盘之间会出现"拔河比赛"。行星的引力把物质从圆盘里拉出来然后拉到行星上，但是圆盘又会把物质往回拉。最终结果是，行星受到牵引力而失去能量，呈螺旋状向内靠近中心恒星。

一颗巨行星一旦开始向内移动，就很难停下来。发展出一套理论既可以使这些行星在圆盘中移动，又可以避免它们落入恒星而导致悲惨的下场，是一项巨大的挑战。有些人认为，在某些情

况下，这就是实际发生过的。在行星形成并向内移动毁灭的一条长线中，我们只是探测到了最后的阶段。更有希望的是，近期研究显示，巨行星可能最终赢得了同圆盘中物质的较量，捕获了附近所有的物质，从而避免了进一步被拖动。在这一刻，巨行星停止移动，找到了永久的位置。当圆盘中有不止一颗巨行星时，这个过程更可能发生。就像做家务一样，两个人可以比一个人更有效。

太阳系似乎逃脱了一颗巨行星在圆盘内艰难通过所带来的混乱，但这并不是说一切从一开始就都是稳定的。可能有木星大小的行星相继形成并向内移动，只是最终坠入太阳并毁灭。无论这些行星是否存在，两个大型物质团块都最终形成了。这两个团块大到足够用自身的引力来俘获氢气，其质量快速增加，形成木星和土星。（土星最引人注目的特征——土星环，可能是在最近的100万年左右由 颗卫星发生壮观的碰撞后解体形成的。因为自身的不稳定性，土星环可能只能再存在100万年。我们能够欣赏到它们真的十分幸运。）

同时，在原土星附近，另外两个团块正在从盘中收缩。这两个团块要小得多，只能以非常慢的速率俘获一些气体。天王星和海王星将从这些团块中形成，它们的质量只比区分岩质行星和气态巨行星的临界质量高出一点。起初，这些行星与太阳的距离要比现在的距离近得多。在太阳系形成大约8亿年后，当新形成的行星在盘内移动时，木星和土星形成了共振，一次又一次地在同

➤ **水星的南半球**

水手 10 号在 1974 年成为第一艘
飞掠水星的太空飞船。从距水星
表面 700 多千米的高空俯瞰，可
见数百个环形山。

一地点排成一队并把它们自己向外推，同时也把天王星和海王星
推得更远。太阳系史上的这段动荡时期的计算机模型显示，那时
可能有第五颗巨行星，现在却消失了，只能在恒星之间游荡。然
而，令人吃惊的结果不仅局限于行星。圆盘外层剩下的大部分物
质，因温度太低且不够致密，无法形成行星大小的团块。它们距
离天王星或者海王星都太近，因此被甩出了稳定的轨道。其中
的大部分到达了太阳系的最边缘，散落进柯伊伯带和奥尔特云
（Oort Cloud）。后者是一个巨大的物质储存地，位于我们和最近
的恒星的中间，可以免受行星的破坏性引力的影响。

奥尔特云内的物质偶尔会被扰动，或是因为奥尔特云内天体
之间的相互作用，或是因一颗路过的恒星，物质会被甩进内太阳
系。这些流浪者就是我们说的彗星，彗星在太阳的光芒下挥发它
们的冰质物质。现在这样的事件很罕见，但是在我们的故事所在
的时期里，这样的事件要常见得多。当天王星和海王星向外运动
时，它们会向内抛出更多的物质。在月球表面环形山的记录中，
我们能看到"晚期重轰击"的踪迹，这展示出内太阳系被数量巨
大的小天体撞击过。它们一定也撞击了地球，但是踪迹早已被掩
盖。这个图像也是在最近一些年里才被拼接起来的，我们需要做
更多的工作才能确认细节。尽管如此，让我们觉得神奇的是，像
木星和土星的迁移这种我们认为可能会在时间的迷雾中丢失的事
件，却在月球表面留下了今天我们依然能用肉眼观察到的伤痕。

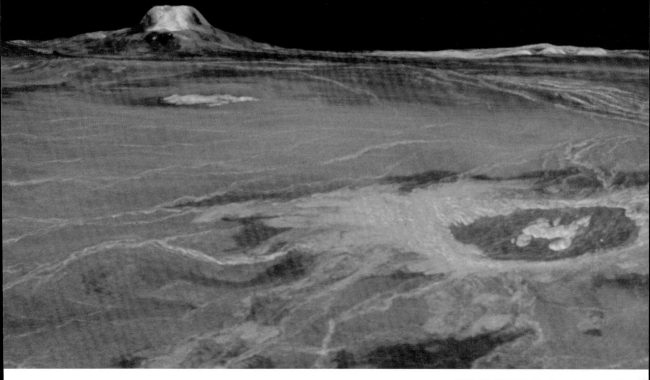

↑ 金星

上图：麦哲伦号飞船在 1990 年使用雷达穿透阻隔的大气描绘出的金星表面。这是艾斯特拉区和高度为 4000 米的火山——古拉山。

下图：因为金星比地球更靠近太阳，所以从地球看去，金星也有相位变化，就像是月相一样。当金星几乎位于太阳和地球的中间时，它的一侧被照亮。用一架小型望远镜观察，金星看起来就像是一弯小小的新月。

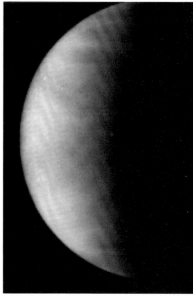

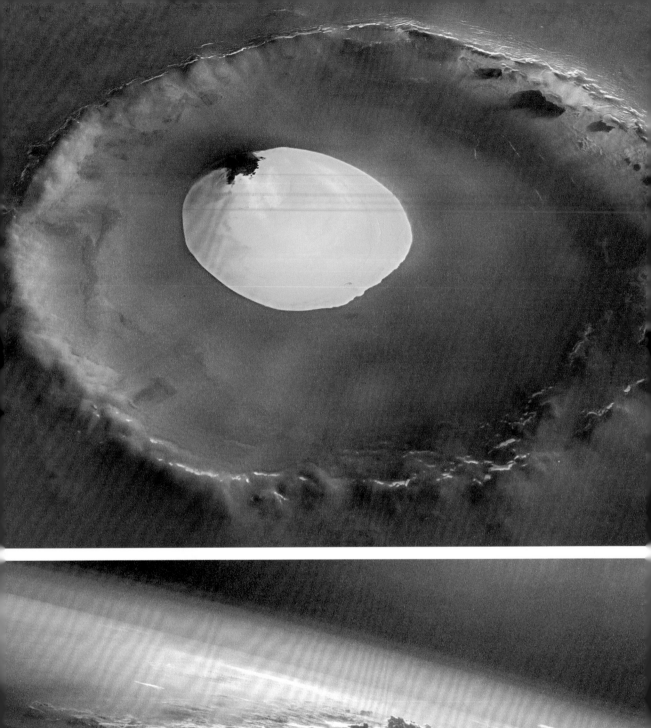
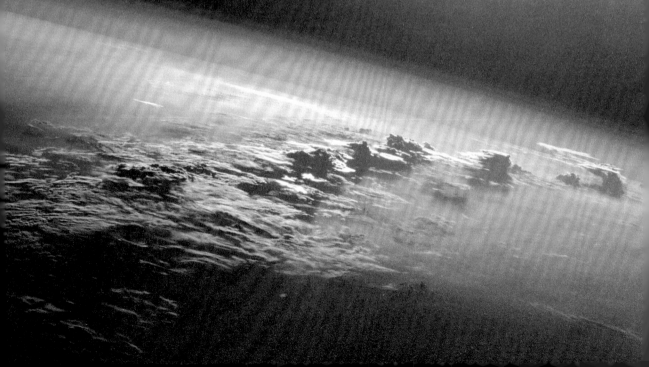

今天的太阳系

太阳系不太可能是独一无二的，但是也是相当不同寻常的，所以让我们再仔细地观察一下它。除了行星和小行星大小的天体外，还有被描述为脏雪球的彗星。彗星仅有的实体部分就是由冰和碎石混合组成的彗核。当一颗彗星靠近太阳时，冰会气化，彗星就出现了彗发以及一条或者几条长长的彗尾。一些充满尘埃的粒子是真正的彗星残骸，当它们进入地球高层大气时会形成流星，并且在海平面以上65千米的地方燃尽。

较大的大体可能会完整地着陆并且产生撞击坑，这些是陨石。需要指出的是，陨石并不仅是大型的流星，这两类天体是截然不同的。陨石是从小行星带中被驱逐出去的天体，与彗星没有直接联系。

绕着太阳运转的行星的轨道差不多都是圆形的，然而大多数彗星都有偏心率很大的轨道。行星的轨道周期从水星的68天到海王星的165年不等。正如我们所知，行星是在一个环绕年轻太阳的扁平物质圆盘中形成的，这也是为什么它们的轨道倾角都差不多一样。这对柯伊伯带天体和彗星也是适用的。

最著名的彗星当然是哈雷彗星，它会在2061年再次回归。现在哈雷彗星太暗，我们观察不到它，但是毫无疑问，它在下一次到达近日点（距离太阳最近的位置）之前很久就会被识别到。偶尔能够看到的真正明亮的彗星有更长的周期，其中有些显然足够明亮到可以产生影子，尽管我们现在还没有看到。

在四颗内行星中，地球和金星的大小差不多。尽管它们两个在大小和质量上看起来像是双胞胎，但它们并不是。金星有主要由二氧化碳组成的非常浓密的大气，云层中充满了硫酸，金星表面的温度在500℃左右。那里几乎不可能存在地球类型的生命。水星是最内侧的行星，它太小了以至于无法保持拥有可被观察到的大气。在地球的轨道之外是火星。很多探测器都被发射到火星，现在也已经有发射载人航天器飞往火星的计划，尽管那是在遥远的未来。

很明显，巨行星和小型内行星完全不同。它们在离太阳更远的地方形成，因此能够保留较轻的气体，最明显的就是氢。木星和土星确定有一个处于高温状态的硅酸盐的核，这个核被液氢层所包围，在这之上是我们看到的大气。天王星和海王星则不一样，它们更适合用冰巨行星而非气态巨行星来描述。木星的质量

▲ 火星

哈勃太空望远镜拍摄的火星，图中可见火星的冰盖和云层。暗区曾被认为是植被，但现在已经知道那是表面尘埃被吹走的区域。

◤ 火星冰

欧洲火星快车飞船上的立体照相机拍摄的火星北极附近一个环形山中的冰。火星表面的沙漠下可能有大量的水冰，这为简单的生命形式提供了潜在的家园。

◄ 俯瞰地球

发现号航天飞机在1999年拍摄的印度洋上空的云层和阳光。

↑ 土星

土星因为它的环而成为所有行星中最美丽的一个。这幅帕特里克用自己的望远镜拍到的图片还展示了土星气态表面的众多条带。

冥王星的地位

1931年，克莱德·汤博（Clyde Tombaugh）在洛威尔天文台发现了一个太阳系的新成员，其环绕太阳的轨道比海王星远得多。它被命名为冥王星，曾被认为大小和地球类似。冥王星有一个不同寻常的偏心和倾斜的轨道，公转周期为248年。在近日点时，它在海王星的轨道内，但是它的轨道倾角（17°）排除了它发生任何碰撞的可能性。冥王星曾被当成一颗行星，但是有关它的地位的争议很快出现，特别是当它被发现远小于预期的时候，甚至比月球还小——现在我们知道它的直径为2300多千米。此外，它还有一个同伴——冥卫一（Charon），直径是冥王星的一半，绕冥王星旋转的周期和冥王星的自转周期（6.3天）一样。总之，冥王星被认为是一个异类。

1992年，有一个较小的天体在海王星的轨道外被发现。它的编号是1992 QB1，出于种种原

↑ 天王星

旅行者 2 号飞掠天王星时拍摄了
这张相当乏味的天王星表面的照
片。让天王星在行星中显得与众
不同的是，其自转轴的倾角超过
90°，因此它是在绕着太阳滚动。

↑ 海王星

旅行者号看到的海王星最显著的
特征就是"大暗斑"。

↑ 木星

从伽利略首次观测木星开始，我们
就一直能看到它的大红斑。卡西
尼号探测器在飞往土星的途中拍
到了这个比地球还大的巨大风暴。

因，它从未有过官方的名字——通常被叫作丘比瓦诺（Cubewano），意思是经典柯伊伯天体。其
他的海外天体接连出现，有些大小和冥王星相当，其中有一个叫阋神星（Eris），比冥王星还要大。
很多年前杰拉德·柯伊伯（Gerard Kuiper）就预言了一群如小行星大小的海外天体的存在，这群
小天体组成了柯伊伯带。其中，冥王星并非例外。很显然，冥王星不能再被当作行星，所以它被降
级并被分配了一个小行星编号（134340）。这又引起了争论。最终，国际天文学联合会在 2006 年
宣布最大的柯伊伯带天体（阋神星、冥王星、鸟神星和妊神星）加上最大的主带小行星谷神星，应
该被归类为矮行星，其余的则是小型太阳系天体。

↑ 麦克诺特彗星

由欧洲南方天文台位于智利的帕拉纳天文台拍摄。彗尾的扇状外观使人想起了极光。

➤ 坦普尔 1 号彗星

这幅高分辨率图片由布莱恩用撞入彗星表面的深度撞击探测器在 2005 年 7 月传回的图像合成。

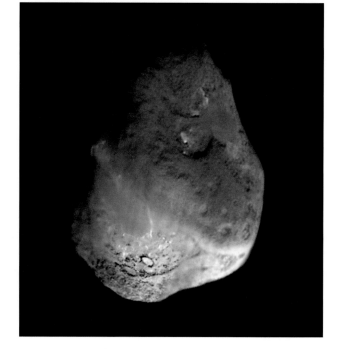

比其他行星的质量加起来还要大，因此有说法认为，太阳系是由太阳、木星和各种各样的碎片组成的。

月球在行星的卫星中是独一无二的，因为这是一颗较大的卫星属于一颗较小的行星的情况。木星有4颗较大的卫星和很多较小的卫星。土星有一个较大的随从——土卫六（Titan）以及一些中等和较小的卫星。天王星有5颗一般大小的卫星，海王星只有海卫一（Triton）和一群小卫星。在这些卫星中，只有土卫六有稠密的大气层。火星有两颗非常小的卫星——火卫一（Phobos）和火卫二（Deimos），它们都是火星在很久以前俘获的小行星。在这些行星中，只有水星和金星是太空中孤独的旅行者。

土卫六

土卫六是唯一一颗有真正大气的卫星，大气的主要成分是氮气（超过98%），还有一些甲烷。卡西尼号探测器携带着惠更斯号着陆器，二者在2004年12月25日分离后，惠更斯号着陆器完成了一次成功的受控着陆，它降落在土卫六上被称作上都（Xanadu）的区域里，这是一个带有卵石和沙丘的平原。土卫六表面如湿黏土般黏稠，沙丘富含有机物，还有液态甲烷流过的沟渠。惠更斯号的数据由环绕土星的卡西尼号中继传输回地球，而当着陆器超出通信范围后就失去了联络。卡西尼号此后继续对土星和包括土卫六在内的卫星进行了长期的研究。

土卫六表面温度大约为-180℃，有时候会下雨，这是一种令人相当不快的甲烷雨。但在土卫六上比较干燥的区域内，这样的雨也许罕见到1000年才有一次。土卫六上有山丘和峡谷，但是几乎没有撞击坑。卡西尼号发回了土卫六上由液态甲烷和乙烷构成的化学湖的照片。其中一个在南极区域，面积达2万平方千米。它被称作安大略湖，比位于加拿大的同名湖泊稍大一点儿。

我们不能完全排除土卫六上存在生命的可能性，但是土卫六的低温和其他环境基本上使得存在生命的可能性极低。一种可能性是，土卫六代表了一种介于非生命和生命之间的状态。在冷暗的化学海洋中，可能有化学反应的复制模式。通过复制，这些系统显示出我们用于生命的基本特性，但是不会发展出如细胞一样复杂的东西。如果这个情景是正确的，那么土卫六就被置于了一个独一无二的地位，可以给予我们地球上生命起源的信息。让我们期待有更多的探测器很快被发射到土卫六。

↑ 土卫二的喷泉

这些如喷泉一样的景象出现在土卫二的南极地区，被太阳从后面照亮。科学家认为喷出的是液态水。卡西尼号探测器发现了这个现象。

↓ 观测金星凌日

2004年，布莱恩在帕特里克的花园使用他自己的"高科技"设备来观测金星从太阳前面穿过。此时金星是靠近底部的小暗点，快要从太阳前面穿过。注意，我们看到的只是对太阳的间接成像，通过小型望远镜的目镜投影到一张由两个钢丝衣架支撑的白卡纸上。尝试使用任何望远镜来直视太阳都是极其危险的。即使是一架小型寻星镜也会对你的视力造成永久损伤。参见书后有关如何安全观测太阳的完整说明。

土卫二

土卫二（Enceladus）是土星较小的卫星之一，虽然直径没比不列颠群岛的宽度大多少，但却是一个令人着迷的世界。在它的冰质表面上，有些区域的撞击坑相对较少，因此可能很年轻。事实上，土卫二仅仅是我们已知的第四个活跃的世界，前三个是地球、木卫一（Io）和海卫一。科学家在这颗卫星的南极区域观察到了水羽，这些水来自土卫二内部的海洋或者湖泊。但是，在这么小的天体上存在任何液体都是非常令人吃惊的。不管原因是什么，土卫二看起来在土星系中扮演着重要的角色，因为来自这颗卫星的物质似乎补充了土星的一些更微弱的环。

岩质行星

如果气态巨行星向内迁移是很平常的，那我们探测到岩质类地行星的机会将会大大减少。即使它们在太阳系的早期历史中形成，当一颗木星大小的行星从它们附近通过时，它们也可能被抛出轨道或者被摧毁。基于尚未被充分理解的原因，木星停留在了它最初形成的位置的附近，地球才得以幸免。实际上，在撰写本书时，在大多数被探测的行星系统中，在我们预期存在于岩质"地球"的位置上的都是气态巨行星。必须承认的是，我们的技术偏重于探测靠近恒星的大型行星，进一步的观测可能会表明太阳系其实并非不同寻常。这是一个基础问题，我们在接下来的十年里将有能力回答这个问题。直接寻找其他"地球"的任务已经在计划中。

在搜寻的方法中，最高产的方法有赖于观察者的好运。从地球上看去，一颗行星看起来是从它所环绕的恒星面前穿过的。在太阳系中，我们可以看到水星凌日和更罕见的金星凌日。上一次金星凌日发生在2012年，而下一次是在2117年。意识到了中间要相隔超过一个世纪，天文学家在2012年观察金星凌日时花了很多精力测试他们将用于理解环绕其他恒星的行星的技术，而对金星来说，我们已经知道了其诸如大气组成之类的信息。系外行星环绕的恒星都很遥远，我们看不到恒星的圆面，因此当行星从恒星面前经过时，我们所看到的就是恒星的亮度轻微下降，因为恒星的光被行星遮挡住了一些。凌日法可以被用于进行大尺度巡视，在一个夜晚中就可以监测上万颗恒星，任何可疑的亮度的轻微下降都会被追踪。这种类型的天文学将不再只属于专业天文学家的领域——一个令人激动的想法就是，这些围绕其他恒星的行星迹象现在可以被业余天文学家探测到。实际上，业余天文学家因为共同发现了一些系外行星而获得了声望。

系外行星

　　我们现在已知的有700多颗系外行星，它们环绕着其他恒星。除少数外，这些系外行星都是由非直接方法被发现的，比如上面提到的凌日法。另一种成功发现它们的方法不是直接观测行星，而是观测它的母星。尽管在太阳系中，太阳占据了超过99%的质量，中心恒星的质量要比行星的质量大得多，但行星对恒星的引力作用还是会有效果，使恒星在太空中运行时发生摇摆。实际上，这个摇摆的幅度非常小，但是借助细致的测量还是可以被探测到的。通过这种方法，我们可以确定行星的存在，并且估算出其质量。行星的质量越大，摇摆就越明显，所以和凌日法一样，我们必须承认这些方法偏重于发现靠近母星的大型行星。

　　我们现在知道，系外行星是很常见的。在我们目前已经发现的系外行星中，木星大小的系外行星要少于海王星大小的系外行星，海王星大小的也比地球大小的更为常见。然而，这些结果到目前为止只适用于靠近母星的那些行星，因此我们还是需要留意。毫无疑问，行星所在的环境以及组合方式有非常多的可能性。我们曾经认为双星系统（记住，超过一半的恒星处在双星系统中）太不稳定，不可能成为行星存在的环境，但是我们却发现其实有很多系外行星位于双星系统中。含有多颗行星的系统也是常见的——太阳系在2012年失去了"行星数量最多"的头衔，因为这一年科学家发现了一个有9颗行星的系

▼ 首次直接发现一颗系外行星

这张由哈勃太空望远镜上搭载的先进巡天相机拍摄的图片是第一张来自另一个行星系统的行星的照片。图片中央的蓝点是北落师门。拍摄于2004年和2006年的图片显示北落师门 b（箭头所指白框中的小圆点）正绕着它的母星运行。

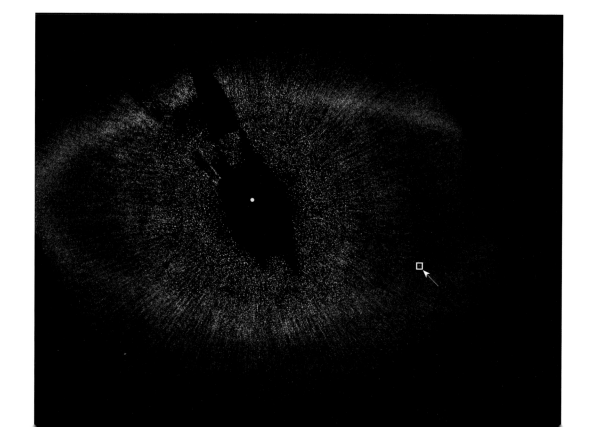

统——而且各个大小的恒星都可能有行星。通过研究这些系统，我们希望建立一个可以更好地描述行星形成的图景。一个最近发现的有5颗行星的系统很令人困惑，在3颗较大行星的中间分别有2颗金星大小的行星，这表明大型行星的迁移对较小的行星来说并非像此前认为的那样致命。

伴随着这些接连不断的发现，现在是一个激动人心的时代，第一批比地球小的行星已经被探测到，据推测它们肯定具有岩质表面。我们愿意打赌当这本书出版的时候，第一颗位于宜居带（围绕一颗恒星的允许液态水存在的区域）的地球大小的行星会被发现。在这些行星的表面是否存在生命在现阶段肯定只是一种推测，但是这肯定是很吸引人的。在几乎所有的情况里，我们看到的系外行星除了光斑什么都看不到，但是首次观测一颗热类木星的大气已经完成。这个被研究得最好的例子的编号是HD209458b，是一颗凌日行星。当这颗行星在恒星背后时，我们能够得到恒星的光谱，再把这个光谱从观测到的光谱中移除，就能得到这颗行星自身的光谱。这颗行星的情况和太阳系内的任何行星都不一样。恒星强烈的紫外线辐射加热了这颗行星的大气层，使得大气膨胀。事实上，大气正在以10000吨/秒的速度（大概是尼亚加拉大瀑布流速的3倍）逃离行星。最近几年，研究这些热类木星的组成开始成为可能。例如，离地球最近的凌日行星HD189733b，它距离我们60光年，就像木星一样，其大气中显示出二氧化碳存在的迹象。得益于卓越的新设备，我们开始可以根据围绕恒星的行星的速度，而非恒星的光谱中的特征来辨认行星，这提升了研究大部分不能用凌日法研究的行星的大气的可能性。

这些间接研究非常重要，但是必须承认的是，直接看到这些行星将会令人更加满意。直接观测一颗系外行星显然很困难，因为系外行星只有通过反射才会发光，而且会消失在母星的光芒中。有两个天文学家团队尝试直接观测系外行星，并在2008年11月的同一天公布了他们的结果。两个团队都使用了一种叫作日冕仪的设备来遮挡来自行星的母星的光线，他们发现了一个围绕年轻的大质量恒星HR8799的由3颗行星组成的系统，以及一个行星大小的天体在围绕距离地球25光年的明亮恒星北落师门（Fomalhaut，也称南鱼座α）的圆盘上运动。位于南鱼座的北落师门是一颗光度为太阳20倍的白色恒星，这颗被称作北落师门b（Fomalhaut b）的行星更像是木星而不是地球。这颗行星到恒星的距离是日地距离的115倍。这些非凡的图像会随着我们首次瞥见太阳系以外的世界而被载入史册。

这些研究在早期阶段是必要的，我们很难从对少数行星的研究中得出可靠的结论。在未来近十年的时间里，我们可能会得到地球大小的行星的光谱，并能够测出它们的大气组成。如果是这样，那么我们可能会发现很高的氧气丰度，这被认为是存在生命的标记。

暗褐矮星

一颗行星和即使是最冷的褐矮星也有本质的区别。一颗真正的恒星的质量必须至少达到太阳质量的8%，也就是大约为木星质量的75倍。在这个数值之下，核心温度太低，核反应不能被触发。因为褐矮星非常暗淡，不容易被发现，因此直到1995年科学家才确认了第一颗褐矮星，但是现在已经发现了很多颗。大部分褐矮星会和普通恒星联系在一起，可能这样比孤立的褐矮星更容易被定位。已知的褐矮星中最暗的一颗是Gliese 570D，距离地球19光年。它的表面温度只有大约753K，仅比家用炉子的温度略高。它环绕一个三星系统运动，直径大概同木星相当，但是质量却是木星的50倍，它因太重而不能被归类到行星中。另一方面，它又不能被归类为真正的恒星，因为在其大气中人们发现了锂的踪迹，而锂不能在普通恒星的大气中存在——它会被分解。褐矮星至少可以微弱地发光，而一颗行星则完全依赖于反射其母星的光线。

有一类奇怪的褐矮星和任何恒星都没有联系。它们可能数量众多，但是起源尚不清楚。这些孤立的天体也被称作漂泊的行星，由于引力的作用被从它们形成的系统内抛出，但是通过这种方式不太可能产生足够的数量。

这些褐矮星还伴随着为数众多的漂泊行星。天文学家已经开始用我们前面讨论过的引力透镜技术来监视漂泊行星。如果在一颗行星和一颗遥远恒星之间的连线非常精确，那么这颗恒星会以一种可以预测和识别的模式快速变亮和变暗。科学家用一台位于新西兰的望远镜发现了少量的此类事件，但是连线需要非常精确，所以我们也不太可能通过少量观测就得出存在大量自由漂泊的行星的结论。事实上，在我们的星系中，这些漂泊天体的数量可能和恒星的数量一样多——这些孤独的流浪者漂泊于恒星之间是一个非凡的想法。

尽管这些奇特而美妙的行星系统很迷人，但我们显然对一种特定类型的行星系统更感兴趣，其中包含一颗湿润的小型岩质行星。现在，让我们把注意力集中到新近形成的地球上。

第五章
生命的出现

大爆炸后 97 亿年到现在（大爆炸后 137 亿年）

↑ 叠层石

叠层石是地球上最接近活化石的东西，它们是由数以百万计的微层构成的岩石，这些岩层都是细菌的遗迹。现在，在澳大利亚的鲨鱼湾仍然可以看见叠层石。

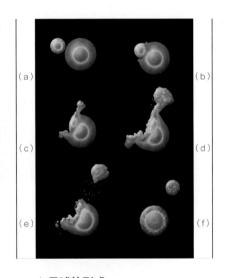

(a)　　　　　(b)

(c)　　　　　(d)

(e)　　　　　(f)

↑ 月球的形成

两颗行星发生碰撞，它们的内核合并成一颗更大的行星——地球。地幔碎片形成了月球。

➜ 月全食

2007年3月3日在英国观测到的月全食，这张照片拍摄于塞尔西。月球位于地球的阴影中，所有到达它的太阳光都必须穿过围绕地球的大气层。随之发生的光的散射使月球看起来呈现红色。

大约在46亿年前，地球最终形成，但它此时处于完全熔融的状态。在地球的表面冷却之前，发生了一次剧烈的碰撞，月球因此形成。目前，被广泛接受的理论认为月球的形成源于一次巨大的撞击，当时地球和一个大小同火星一样的天体发生了碰撞。两个天体合并在一起，四散的碎片形成了月球。月球密度小于地球这个事实表明，两个天体的真正内核没有参与月球的形成，而是合并后形成了地球目前的地核。

月球的角色

月球看起来很特别，而且在地球的生命演化过程中发挥了至关重要的作用。月球稳定了地轴的倾角，这个角目前是23°，变化幅度不超过1°。如果没有月球，这个倾角就会发生显著的变化，地球的气候状况也会截然不同。如果拿火星与地球进行比较，它没有可与月球相媲美的卫星。它的两个卫星火卫一和火卫二都太小了，因此对火星的影响可以忽略不计。这样，火星就没有了能起到稳定作用的力，导致火星轴的倾角在一个大约10万年的周期中会在11°～35°之间变化。生命的演化依赖气候的长期稳定。如果地球的旋转轴在短期内发生剧烈的变化，气候就会缺乏这种稳定性，我们所知的生命就不会发展起来。看来我们应该对月球感激不尽，因为正是它使得我们的存在成为可能。

月球对地球最明显的影响就是月球引起的潮汐。潮汐导致的摩擦力减慢了地球的自转，这个过程到今天还在持续。一个同等重要的影响是增加了地月之间的距离：地月之间的距离正在以每年4厘米的速度增加。

正如人们预料的，地球对月球也有类似的影响。地球质量是月球质量的80倍，所以这个影响甚至更大。很久以前，月球的旋转速度逐渐被潮汐减慢，直到它被"锁定"，或者说与地球同步，意思是它的自转周期与公转周期完全相同。结果就是，月球永远都是同一面朝向地球。重要的是，虽然月球永远都是同一面朝向我们，但是它不是永远以同一面朝向太阳，所以说月球上存在"暗面"的想法是完全错误的。除了在地球上永远看不到月球的背面，月球上两个半球的昼夜情况是一样的。

月球自转的速度很快成为一个常量，但是它沿着自己的椭圆轨道绕着地球旋转的速度并不是恒定的。根据太阳系的天体运动规律，月球在近地点附近时速度最快，在其他位置时就会慢一些。因此，它在轨道上的位置和自转的角度并不合拍。结

果就是，从地球上看去，月球似乎是在来回摇摆。有时我们能看到西边边缘多一点的区域，有时能看到东边边缘多一点的区域。这种效应和其他更小的被称作天平动❶的摆动叠加在一起后，我们在地球上能看到月球表面积的59%，虽然在同一时刻能看到的部分不会超过50%。但是只有41%的月面部分是我们看不到的。

我们的行星：生命的摇篮

最初，地球处于熔融状态，温度太高，生命不可能出现。在之后大约5亿年的时间里，它逐渐冷却下来，形成了坚硬的地壳。最初的大气层主要由氢气构成，但是这没有持续太久。因为地球的引力不够强，以前是现在也是，没办法束缚住高能原子，它们都逃逸到太空中了。甚至很可能有一段时期，地球上根本没有大气。但是，这种情况在后来发生了变化。那时，火山运动非常常见，也非常猛烈，来自地球内部的爆发很快散发出足够的气体以形成新的大气层。当然，那时的大气层与今日的截然不同，最明显的区别就是当时的大气中缺少氧气。随着大气冷却，水开始凝结，随之而来的是地球进入我们所说的"暴雨"（great rains）时代。该时代持续的时间很长，雨水足以将低洼地区填满，形成最初的海洋。

当地球形成时，也有一段被残余物质轰击的时期。这在我们观察月球表面的时候能明显显现，上面的环形山也是由这个时期内的轰击产生的。当然，地球也遭受了相同的轰击，但是侵蚀作用已经抹去了它的大部分伤痕。值得指出的是，如果没有持续的构造活动，板块碰撞并形成高山，那么今天的地球将会是一个被水覆盖的平整的球体。构造作用力来自地球深处的铀和其他不稳定重元素的衰变所产生的热量。正如我们所知，这些物质一定来

---

❶ 天平动：由于几何和物理的原因，地面观测者所看到的月球正面边缘部位的微小变化。

泛种论

弗雷德·霍伊尔和他的同事钱德拉·魏克拉马辛格（Chandra Wickramasinghe），在瑞典科学家斯万特·阿伦尼亚斯（Svante Arrhenius）提出的猜想的基础上，认为彗星可能把病毒抛撒到高层大气上，从而引起全球范围的流行病。（病毒是DNA或者RNA片段，可以利用活体细胞进行复制。有些生物学家认为它们不是传统意义的生命。）没有什么证据支持这一观点，医学专家也从未认真对待过这一观点。

自此前灾难性的恒星的死亡。因此，生命出现的舞台有可能被搭建起来，很多遥远的事件在其中发挥了作用。

生命出现的时间要比通常认为的早得多。最早能够自我复制的有机体可能出现在大约43亿年前。生命最早的证据是大气中氧气水平的显著增加，这些证据来自显然非常原始的、最初的有机体。大量氧气的存在是生命存在的不容置疑的标志，这个事实给那些以寻找环绕其他恒星的地球大小的行星为任务的科学家带来了希望。我们要实现星际旅行可能还有一段路要走，但是我们也许能够在遥远的地方观察到生命的迹象。迄今为止，最古老的

↑ 火山

埃里伯斯峰是南极洲最活跃的火山，由帕特里克·摩尔拍摄。地球早期不含氧的大气的形成被认为是一段多产的火山活动时期的结果。

与生命来自太空相关的、最不同寻常的严肃理论可能是由弗朗西斯·克里克（Francis Crick）提出的，他是DNA双螺旋结构的发现者之一。他和化学家莱斯利·奥格尔（Leslie Orgel）提出了被称作定向泛种论（directed panspermia）的理论。这一理论认为，生命是由银河系中一个遥远的高等文明有意送到地球上来的。有人指出，微生物穿越星际空间从一个世界被送到另一个世界的机会是很渺茫的，但是如果做好准备，情况可能就会不一样。不同种类的微生物可以被一艘太空飞船携带，再被放置到这里繁衍生息。当这个理论出现的时候，公平地说，大部分科学家并没有什么热情，更多的是感到震惊，但又很难去反驳这一类型的观点。

生命证据是在格陵兰岛西部的阿卡利亚岛上的古代岩石中被发现的，距今38亿年。

生命出现的确切过程仍然不清楚。和流行的传说相反，现在还没人在实验室里重复这项壮举。未经证实的理论认为，化学反应由诸如闪电或者太阳的短波辐射等过程产生的能量所驱动。随着时间的流逝，越来越复杂的分子被制造出来，直到最后出现了可以自我复制的分子。自我复制或者说繁殖的能力，是我们认为的生命的基础。复制并不完美，每一代都有可能产生随机的变化，也就是复制过程中的错误。有些随机突变更加成功，比其他突变存活的时间更长或者更容易繁殖，也更有可能形成下一代。这种略微不同的形式间的竞争正是演化的核心。从简单的复制品（仅仅是复杂的分子）到今天我们看到的种类繁多的生命，这一漫长而宏大的过程就此开始。

已知最早的化石是细菌化石。这些有机体可能生活在当时地球上的热海洋中。我们对于测定它们的年代相当有信心，因为地质学方法可以告诉我们这些原始有机物残骸被发现的岩石年代。在这个时期的岩石中，我们还发现了所谓的叠层石（见P112上图），它们是由蓝绿藻（也叫蓝藻）构成的岩石状结构。叠层石可以追溯到大约35亿年前，令人吃惊的是，一些类型的蓝藻存活到了今天，特别是在澳大利亚北领地的部分地区。在地球历史的早期阶段，蓝藻在制造游离氧的过程中发挥了关键作用，这启动了制造适于呼吸的大气的进程。

我们已经发现生命具有极其丰富的多样性，有些类型的生命有着令人惊讶的耐受能力，能够在最严酷的环境中存活。例如，最早的生命可能出现的地方之一是在深海热液喷口（也常被称作黑烟囱）周围。炽热的酸液从大洋洋底的裂缝中涌出，而这种热液经常是黑色的，故而得名。从这些距离海面至少1600米的裂缝中涌出的水的温度可能高达400℃。水能够达到这个温度（高于通常的沸点），是因为这里的压力是地表大气压力的25倍。出乎意料的是，在这些裂缝处充满了特殊的生命形式，包括管状蠕虫、虾，甚至蛤类。它们能在这样一种和醋一样的酸性环境中生存，而这样的环境会使其他绝大多数的海洋生物当场毙命。这些特殊的生命也不需要从太阳那里获得任何能量。

世界范围的化石记录使得我们能够追踪生命演化的足迹。一般而言，生命演化相当缓慢。在很长一段时期内，生命都被限制在海洋里。直到距今大约4亿年的泥盆纪时期，生命才开始登上陆

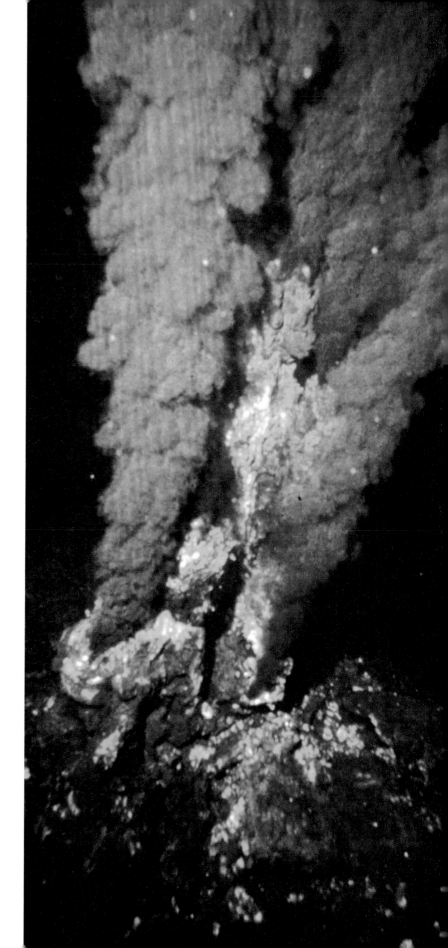

➤ 黑烟囱

黑烟囱更恰当的名称是深海热液喷口，它们位于海平面以下超过1.6千米的地方。在那里，过热气体从地壳的裂缝中逸出。它们被发现位于大洋中脊。令人惊讶的是，有多种多样的生物围绕着它们。即便是在高温、完全没有阳光以及酸度很高的条件下，这里也能欣欣向荣。这些生物构成了一个完全不依赖于太阳能的生物链，取而代之的是依靠由热液喷口产生的化学物质。

这些生物的同类生活在黑烟囱附近极端恶劣的条件下。它们没有嘴和胃，赖以为生的是通过皮肤吸收水中的化学物质。这条鱼是一条热液鱼。

地，首先是植物，接着是节肢动物（比如昆虫、蜘蛛和甲壳类动物）和脊椎动物。陆地上植物的生长继续改变着大气的组成。植物通过光合作用生存，从空气中吸收二氧化碳，然后用来制造以糖分子形式存在的养分。这个过程的副产品——氧气由植物释放到空气中。

恐龙的墓地

生命史上最大的灾难发生在地质学家所说的二叠纪末期，距今2.5亿年。二叠纪持续了大约6000万年，可能是一段广泛沙漠化的时期。地球上的绝大部分陆地当时结合在一起形成了一块广阔的大陆，被称作盘古大陆（Pangaea）。二叠纪的生物灭绝被称为大灭绝，那可能是历史上规模最大的一次物种灭绝。地球上的绝大部分生命都在那时被抹掉了。这个结论当然是建立在化石记录的基础上的，但是却没有留下任何陨石坑来提示我们灾难发生的原因。相反，我们必须依靠一种叫作富勒烯的碳分子。这些分子具有笼状结构，大部分是球形的，形成时会把单个惰性原子困在"笼子"中。在二叠纪末期的富勒烯中发现的氦元素和氩元素可能来自太空，在某颗恒星的大气中产生。而这颗恒星在太阳形成之前就已经以超新星爆炸的方式结束了生命。这些化学分子可能是陨石的遗迹，而这些陨石携带着太阳系诞生时残留的物质。这次撞击的结果之一是出现了大量的火山活动，整个地表被厚达3米的

FOSSIL TRILOBITE
ELRATHIA KINGII
UTAH, USA
CAMBRIAN PERIOD
535 MILLION YEARS OLD

◄ **鼓舞人心的历史**

学校图书馆里的一本由帕特里克·摩尔撰写的《地球》，向布莱恩介绍了三叶虫的令人心动的故事，并激发了他对天文学的终身热情。地球上曾经有 15000 种三叶虫，而当它们在 2.5 亿年前由于二叠纪大灭绝而消失的时候，它们已经在地球上存在了 3 亿年。相比之下，人类的历史不到 20 万年。三叶虫幸存下来的最近的近亲是马蹄蟹。这种特别的三叶虫最近在纽约的一家自然商店里上架，同时出售的还有精选的陨石、恐龙骨骼以及其他与遥远的过去有关的东西。

岩浆覆盖。因此，超过90%的海洋生物和70%的陆生脊椎动物灭绝也就不令人感到惊讶了。

在二叠纪时期，爬行动物开始出现，我们来到了恐龙的时代。一些恐龙是巨大凶猛的捕食者，另一些则是小型的植食动物。有一种没有杀伤力的小型恐龙，不会比金丝雀大，昵称是"雀龙"（Tweetieosaurus）。

恐龙统治地球将近2亿年（相比之下，人类出现在地球上还不到20万年），在距今6500万年的白垩纪晚期，伟大的恐龙却突然消失了。但是，恐龙可能并没有完全灭绝，一些小型的种类活到了现在，鸟类就是披着羽毛的恐龙的后代。从我们的角度来看，恐龙的消失可能是一件好事，因为这意味着哺乳动物可以从像鼩鼱一样的小型动物演化到我们今天看到的多种多样的物种。在中新世（2500万年前至500万年前）演化出来的类人猿是我们的直系祖先。

对这次灭绝原因的研究是一个热门领域，众说纷纭。就恐龙的灭绝而言，目前的主流理论是一颗巨大的陨石撞击地球，抛出大量的尘埃，导致了全球性的灾难。甚至有人宣称已经确认了撞击的地点，那就是位于墨西哥海岸的希克苏鲁伯撞击坑。在那里，我们已经探测到了这个巨大撞击坑被侵蚀的痕迹。证据主要

▼ **希克苏鲁伯盆地**

位于墨西哥的希克苏鲁伯陨石坑可能是那次终结了恐龙统治的撞击发生的地点。

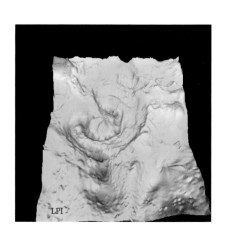

↑ 探索火星表面

在这张经过重建的图像中，美国国家航空航天局的火星车勇气号正骄傲地停在火星表面，此时它位于赫斯本德山的半山腰上。这位机器地质学家和它的双胞胎兄弟机遇号一起，提供了迄今为止在这颗行星的表面上曾经有液态水的最好的证据。

是来自这样的事实：在这一时期沉积的一大片岩石中包含超过预期数量的铱。铱是一种在地球上相对罕见的元素，但却是陨石的特征。我们尚不能确定就是这场撞击毁灭了恐龙，但是这个理论得到了广泛的支持。

花些时间讨论地球上的生命是有必要的，因为现在我们要思考这一系列事件是否会在别的地方被复制。有人认为，如果在别的地方还有像地球一样的行星环绕着像太阳一样的恒星，那我们应该期待去那里发现某种形式的生命，即便我们还不知

火星快车

很多年来，人们都在推测火星上存在生命的可能性，因为火星是太阳系中唯一与地球相差不是太大的星球。火星比地球小得多，因此它失去了绝大部分曾经有过的大气。而且它更冷，因为它距离太阳比地球远大约7000万千米，但是那里没有毒云或者致命的辐射区。2004年，由火星快车轨道探测器和美国的两台火星车——勇气号和机遇号获得的结果证明了火星表面的部分区域曾经被咸海覆盖。据推测，当时的条件适合生命生存。火星工程师们受到珀西瓦尔·洛威尔（Percival Lowell）的感召，但是他们解释说，洛威尔在一百多年前以为他在火星表面看到的类似运河的特

道生命是如何起源的。但是，除非我们探测到另一个文明的信号，否则我们永远都不能确定是否存在地外生命。这项搜索正在进行中，但是所有对其他智慧生命信号的直接搜索迄今为止都一无所获。

火星上有生命吗

　　当我们计算搜索成功的概率时，我们需要考虑哪些因素？有一点必须立刻交代清楚：我们讨论的是已知的生命形式。我们可

征只是科学幻想而已。尽管包括科学家在内的很多人很遗憾看到这种观点退出舞台，但是即使是现在，低等生命仍然可以在那里存在。人们不无理由地假设，如果生命出现，只要条件允许，它就会演化。生命很有可能出现在火星上并且开始演化，但是在条件恶化之前几乎没有机会形成多样性。

　　最近有人声称，在来自火星的岩石上发现了微生物存在的证据，这些岩石被认为是因为一块巨大的陨石撞击火星表面而迸射出来并到达地球的。然而，人们对这个结论的准确性存在疑问。我们还需要探测器从火星表面带回样品，只有显示出明确的生命迹象，才能得出结论：生命在条件合适的地方都能出现。

↓ 火星快车轨道探测器

欧洲空间局（ESA）的火星快车探测器携带了一台立体照相机，可以拍摄三维图像。

↑ 真实与幻想

除了因科学作品而享有盛誉外，帕特里克还写了很多科幻小说。

以理解的所有生命都基于一种原子——碳原子，只有碳原子才能够连接足够数量的其他原子，形成生命所需的复杂原子群或者分子。由此推论可知，无论生命在何处存在，不管是在地球、火星还是遥远星系的一颗行星上，都一定是碳基生命。像没有大气的月球这样的地方必须被马上排除。在太阳系中，也许只有地球适合复杂的智慧生命形式。当然，反驳的观点是我们也许完全错了，可以存在身体基于金原子并在富含硫酸的大气中呼吸的智慧生命。这种类型的生命（眼睛凸出的怪兽）深受自赫伯特·乔治·威尔斯（Herbert George Wells）以来的科幻作家的欢迎，但是如果这类生命存在的话，那我们整个现代科学就都错了，这看起来极不可能。

我们至少确定了很多恒星确实是有自己的行星系统，但是对一颗行星来说，要存在生命，至少有几个条件需要被满足。让我们再次强调一下，我们只需考虑我们理解的生命形式。因为一旦我们进入了完全陌生的生命形式，那么推测就可以变得无穷无尽。现在，我们只讨论碳基生命。这个行星必须具有富含自由氧的大气，必须有一个固体表面（也许是液体表面），那里必须有足够的水，有稳定的温度，并且在很长一段时期内环境不会发生剧烈的变化。地球满足所有这些条件，而在太阳系中，再没有第二个天体可以满足所有这些条件。

还有其他不那么明显的要求。例如，完全规律的昼夜交替就很必要。如果一颗行星的一个半球永远处于黑暗中，而另一个半球永远被恒星照耀，那么狂风就会接踵而至，也不会有降雨，温

➤ 外星世界上的圣诞节

一个有趣幻想：在另一颗行星上生命可能是什么样子的？作者是帕特里克的母亲格特鲁德·摩尔（Gertrude Moore）。

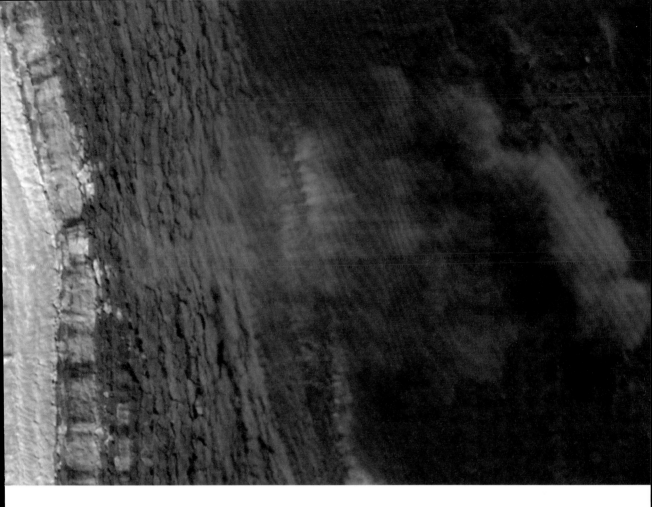

度不可能适于生命存在。这两个半球可谓冰火两重天。当然，在暗面和亮面之间的明暗交界处可能会有生命适宜区。

让我们关注温度。在恒星周围，有一个被称作宜居带的区域，这个区域还可以叫金发姑娘❶带（Goldilocks zone）或者生物圈。在这个区域里的行星既不太冷也不太热，因此生命可以存在。金星和火星的轨道都不在宜居带内。金星距离太阳太近，因此太热；火星距离太阳太远，因此太冷。只有我们的行星令人舒适地运行在这个区域的中心。地球就像是熊宝宝的粥，温度刚刚好。一颗亮度不及太阳的恒星的宜居带会靠得近一些，而能量更高的恒星的宜居带就会远一些。很多要求是不言自明的，这些要求把很多恒星从行星系统的候选者中排除掉了。例如，一颗剧烈变化的恒星会给环绕它的行星带来变化多端的气候。

❶ 金发姑娘，英国童话故事人物，喜欢"不冷不热的粥"以及其他"刚刚好"的东西，因此人们常用"金发姑娘"来指代"刚刚好"。故事中，熊宝宝的粥的温度刚刚好。

⌃ 火星上的雪崩

这个不可思议的景象由火星勘测轨道飞行器拍摄，当时它在火星北极附近的一个峭壁的正上方。图像右侧翻滚的冰和尘埃组成的云的宽度约为 200 米。这些物质从 700 米高的悬崖顶端跌落。悬崖顶端像雪一样的物质是二氧化碳结成的霜。

↑ 奥兹玛计划

位于美国西弗尼吉亚绿岸的口径25.9米的射电望远镜在1960年被弗兰克·德雷克（Frank Drake）和他的研究团队用来进行首次对地外文明的搜寻，现在它已被这台口径110米的望远镜取代。

我们已经知道，银河系有大约1000亿颗恒星，这是一个大型星系的平均值。根据目前的观测来看，大部分单独的恒星都有行星，这样就有大约400亿个"太阳系"。这些行星中有多少位于中心恒星的宜居带中？根据我们唯一掌握的太阳系的情况，我们可以推测，每个"太阳系"中都有一颗行星位于它的宜居带内。但是，我们应该排除围绕剧烈变化的恒星（变星）的行星，因此剩下了200亿颗位置合适的行星。这些行星中有多少是岩质的？这是一个新问题——正如我们所看到的那样，其他"太阳系"在宜居带内可能会有气态巨行星。我们很难确定在合适的位置发现一颗岩质行星的概率，但是在已知的大约120个系统中，有30个系统没有气态巨行星。所以，我们依据这个比例进行乐观的估计，认为有50亿颗行星的条件允许生命存在。那么，又有多少颗行星上出现了生命？为了回答这个问题——也许也是所有问题中最困难的——我们需要知道并理解生命诞生的确切机制。可以说，生物学家还没有经过实验检验的详细理论，这就使得把可能性减小到一个数字非常困难。如果概率是一万亿分之一，那么在我们的星系中仅仅发现我们的文明就似乎是一个令人吃惊的偶然事件。但如果像一些人认为的那样，这个概率接近百分之一，那么就有数千万颗有希望存在生命的行星等待着我们去搜寻。

在我们的太阳系中，最有可能存在生命的候选者是火星，毕竟它在很多方面与地球有相似之处。火星有大气层，但确实非常稀薄。它的自转周期要比地球长差不多半小时，表面温度并非不可忍受。主要问题是，火星上没有足够的屏障来抵御来自太空的有害辐射。如果火星上有生命，那么最有可能在地表下被发现。

鲸鱼座和波江座

两颗附近的恒星看起来是相当好的行星系统中心的候选者：天仓五（Tau Ceti，鲸鱼座τ）和天苑四（Epsilon Eridani，波江座ε）。这两颗恒星用肉眼都很容易看到。它们和太阳是同一个类型的恒星，尽管光度低于太阳。天仓五距离我们11.9光年，光度是太阳的40%；而天苑四距离我们10.7光年，光度是太阳的30%。这些都是弗兰克·德雷克和他的团队在1960年进行的地外文明搜寻计划（Search for ExtraTerrestrial Intelligence，缩写为SETI）中最初的目标恒星。研究者在21厘米（1420兆赫）波段"倾听"宇宙的声音，这是遍布银河系的寒冷氢气体云发出的辐射的频率，但是结果令人失望。德雷克给出了著名的德雷克方程，来计算生命在宇宙中的其他地方存在的可能性。但遗憾的是，正如德雷克第一个指出的那样，这个方程包含了太多未知的量，无法得出确切的结论。这个实验的正式名称是奥兹玛计划（Project Ozma），以弗兰克·鲍姆（Frank Baum）的经典童书《绿野仙踪》（*The Wizard of Oz*）中虚构的魔法师的名字命名。

↑ 焦德雷尔班克

这台口径76米的射电望远镜
由伯纳德·洛维尔（Bernard
Lovell）于1957年建于英国焦
德雷尔班克，后来它参与了地外
文明搜寻计划（SETI）。

　　天仓五被证明令人失望。它和太阳一样，是一颗黄矮星，其质量是太阳质量的80%，表面温度
和太阳非常接近。它的宜居带应该位于0.6～0.9个天文单位之间（1个天文单位是日地平均距离），
所以，如果它在太阳系中替代了太阳，那么金星会是一个舒适的地方。但是当天文学家使用位于夏威
夷的麦克斯韦望远镜——同类型的世界上最强大的望远镜——来研究天仓五的时候，前景就变得不那
么乐观了。这颗恒星伴随着一个残骸盘，因此任何环绕天仓五的行星都将不断被那种我们认为毁灭了
恐龙的小行星轰击。在如此多的大规模撞击下，生命似乎不可能幸存下来。

　　与此相反，天苑四截然不同，它确实是一个行星系统的中心。1998年，科学家发现了一个围绕它
的尘埃盘，其距离同太阳到柯伊伯带的距离相当。其中存在团块，这暗示了行星的存在。2000年，科
学家使用摇摆法追踪到一颗大型行星。它的质量比木星的质量还大得多，有一个非常扁的轨道。据猜
测，还存在第三颗行星，它离我们更远，质量也更大。这些行星都不适于生命生存，但是在恒星附近似
乎没有尘埃，人们认为，那里的物质都被地球大小的行星清除了。天苑四的宜居带的范围刚好大于日地
距离的一半。

↑ 旅行者 2 号

旅行者 2 号在 1977 年被发射升空，1986 年飞过天王星，1989 年飞过海王星，传回了这些外层行星的首批近距离照片。这是首个离开太阳系并飞向其他恒星的人造物体。它携带的镀金唱片记录了地球上的图像和声音，以便向外星生命进行展示。唱片中还有说明地球在银河系中的位置的示意图，因此任何收到这些星际礼物的生命都能够亲自向我们表达感谢。

从这个角度来看，现在的前景要比几年前更好。另外，在遥远的过去曾经存在的生命，即使现在已经消失，意义也非常重大。

火星肯定曾经是一个相对温暖、有水存在的世界。美国的火星车勇气号和机遇号非凡的探索之旅已经展示出火星上曾经有广阔的海洋。那时候的火星完全可以支持生命的存在。在凤凰号探测器于2008年着陆的火星北部极地地区，大量的水以冰的形式存在。凤凰号能够使用它的机械臂获取冰的样本并进行化学分析。这样的水仍有可能会偶尔涌出并影响火星表面。这种可能性是存在的，但同时也极富争议。当航天员登陆火星的时候，他们有可能发现火星化石——这是每个古生物学家的梦想。

火星可能是解答我们面临的主要问题之一的钥匙。如果我们发现了任何形式的生命，无论是过去的还是现在的，无论多么低等，都表明了生命可以在适合它的任何地方出现，并且只要环境允许，生命就会演化。到那时，我们就有权去假设生命可能在银河系之中普遍存在。但即便如此，我们的问题也没有结束。

一些生物学家相信，生命一旦出现，智慧生命就会不可避免地出现，但另一些生物学家也同样令人信服地论证说，像我们一样的智慧生命是绝无仅有的。我们能探测到多少这样的智慧生命？它们必须达到或者超越人类在近百年的时间里达到的技术水平。接着我们必须去弄清楚，一个有能力与外界通信的文明，在被自然灾害或者自身的愚蠢毁灭之前，能存在多久？根据我们目前的情况来看，后者的可能性更大。到了我们目前这个阶段，不确定性来自生物学而不是天文学，我们期待进一步的发展。记住，到目前为止，我们只考虑了银河系，它只是数十亿个星系中的一个。在这浩瀚无垠的宇宙中，我们是唯一的，这样的想法令人恐惧。

如果智慧生命在别的地方存在，那么有什么方式可以与它们进行有意义的互动呢？我们可以立即排除掉现代类型的宇宙飞船。即使我们可以以光速旅行，到达最近的被行星环绕的恒星也需要数年时间。而根据爱因斯坦的相对论，以光速旅行会消耗无限大的能量——换种说法就是，这不可能实现。很明显，使用我们的火箭，旅程会长达几个世纪。而使用太空方舟一类的设备，最初的旅行者将会死在这趟远航的路上，只有他们的后代才能够在目的地着陆。现在来看，这也只是科幻作品里才有的情节。星际旅行需要技术突破，它可能在明天就会到来，也可能是一年内，也可能是一个世纪，也可能是100万年，或者永远都不会实现。从物质的角度来看，在技术突破到来之前，我们都会被限制在太阳系内。

就星际通信来说，我们目前只尝试了一种方法——无线电波。无线电波以光速传播，因此从地球到最近的有希望实现通信的恒星之间的传播时间只需要数年。而且，我们目前的设备就可以在很多光年的距离上进行无线电通信。如果有天文学家生活在围绕距离地球11光年的天仓五运行的行星上，那么我们发出的信号足以被他们接收到。同样，我们也可以接收到来自他们的信号。

我们可以期望基于数学来建立通信联系，毕竟我们并没有发明数学，而只是发现了它。我们已经瞄准很多恒星并且发送了经过编码的信息，不只是向天苑四，也包括其他很多恒星。联系一定会是一个漫长的过程。如果我们在2009年向天苑四发送信息的话，信息会在2020年到达那里，因此在2031年之前都别指望收到回信。虽然完成快速应答相当困难，但我们的态度已经发生了变化，认为这种类型的实验值得尝试。如果我们根本收不到回信，则可能表明我们正在尝试错误的实验，或者是在一定范围内不存在科技文明，又或者是人类真的是独一无二的。

我们不能把宇宙飞船送到其他恒星那里，但是一个更先进的文明却可能有星际旅行的能力。我们没必要相信任何飞碟、外星人绑架和来自半人马座α星的侵略者的故事，但是我们必须记住，我们的文明只是一个新的并且毫无疑问只是具有原始技术的文明。有人建议我们应该尽最大努力不被探测到，甚至召回像旅行者2号那样的几个正在永别太阳系的探测器，但这即便是可行的（实际上不可行），也不合逻辑。听到珀西瓦尔·洛威尔的话，也许我们应该感到安慰——"有能力来到地球的文明，会远离战争，为和平而来。"无论如何，保持沉默都为时已晚。我们大约

人择原理

在现代宇宙学中，曾经有检验"人择争论"的尝试。这些基于所谓的"人择原理"的尝试，说的是宇宙必须是这个样子的，因为如果它有任何不一样，我们就不能在这里观测它！举一个简单

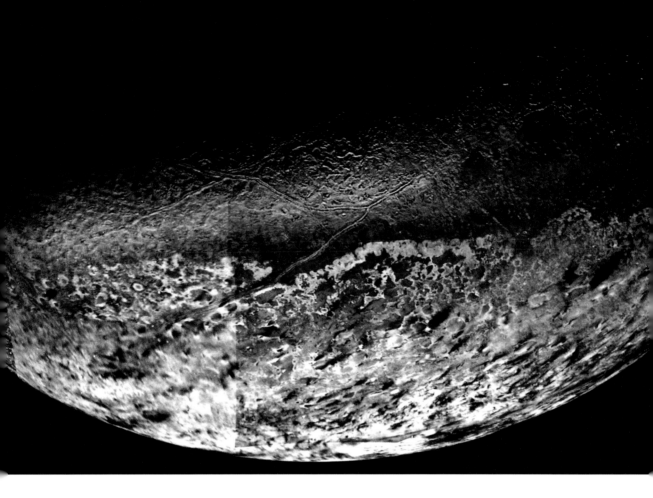

↑ 海卫一

海卫一是海王星最大的卫星，也是旅行者2号在离开太阳系之前拍摄的最后一个天体。旅行者2号耗时12年飞行了90亿千米才到达这里。

从1920年就开始向地外广播，所以对任何在80光年以内范围的地外文明来说，我们都是"无线电噪声"。

我们知道地球上生命的未来是有限的，最终，太阳光度的增加将使我们的世界不再适宜居住。现在，我们必须向前看，考虑一下宇宙的未来。

的例子，如果宇宙只有一个原子的大小，那么复杂到能够具有意识的生物就不会存在。这个论断衍生出很多复杂巧妙的版本，以用来支持"我们真的是独一无二的"这样一个假设。但是，我们很难看出来这些理论是如何被证明的。

第六章
看向未来

现在到大爆炸后 187 亿年

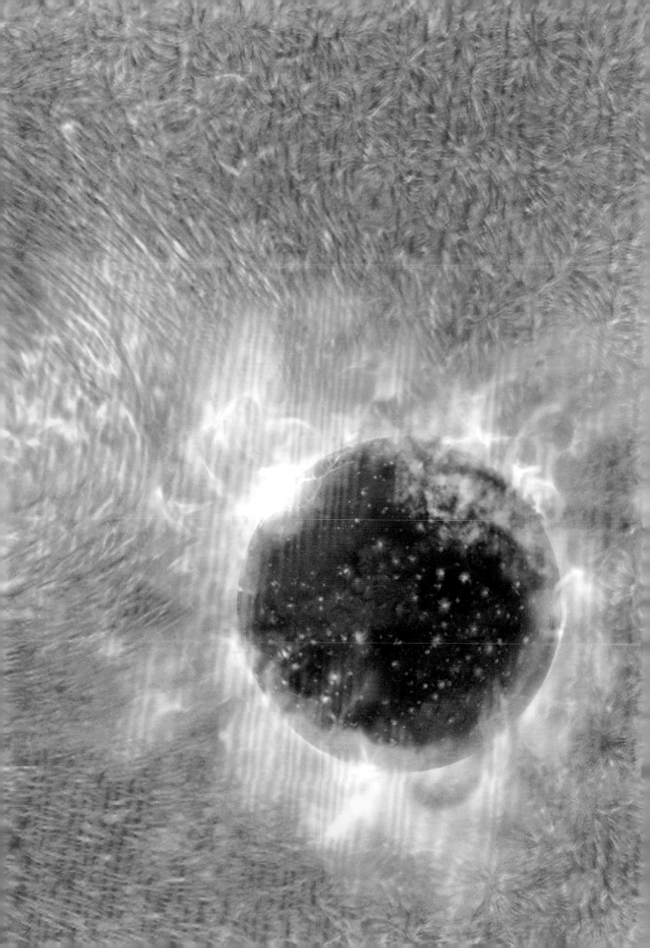

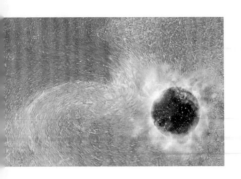

当回望过去的时候，我们可以去考察实际的证据：在地球的化石记录中，我们可以瞥见这颗行星早期的历史；在月球的环形山上，我们能发现灾难性的陨石撞击的证据；而在蟹状星云中，我们可看到在大约1000年前发生的剧烈超新星爆发的遗迹。当我们注视星系的暗淡光线时，我们看到的是它们在数百万年前的样子。如果我们测量它们远离我们的速度，则可以建立起一幅描绘宇宙在数十亿年前的状态的可靠图像。而当我们审视宇宙微波背景的时候，实际上是在看大爆炸后30万年的宇宙。我们真的能看见过去。

但看向未来则困难得多。我们看不到恒星和星系在未来的样子，我们只能依靠推理，而其中混合着大量的科学猜测。尽管宇宙历史中的很多篇章还有待破解，但我们对60亿年前的宇宙要比对60亿年后的宇宙知道的多得多。

地球在宇宙中也许平平无奇，但很明显对我们来说，它最为重要，所以首先让我们来看看我们自己的行星将要发生什么。

↑ 接近尾声

50亿年后，成为红巨星的太阳将膨胀到能把水星和金星吞噬的大小，地球也将在炽热中灭亡。

↑ 铁陨石

这块陨石来自中国，坠落时间是1516年，那是中国的明朝时期。

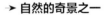 **自然的奇景之一**

帕特里克·摩尔站在位于美国亚利桑那州旗杆镇附近的流星陨石坑中。这个陨石坑由大约5万年前的一次陨石撞击产生，直径大约1200米，深大约170米。20世纪70年代，帕特里克为了录制《仰望夜空》的节目而来到了这里。

← ↓ 苏门答腊超级火山

已知的规模较大的火山喷发之一发生在 74000 年前，当时位于苏门答腊的多巴火山喷发留下了面积大约为 3000 平方千米的多巴火山口。火山锥坍塌后形成了巨大的凹陷。根据卫星图片（左图）和地面拍摄图片（下图）可以看到不同的景观。这个火山湖中的岛屿是再度出现的圆顶，在它表面之下有活跃的岩浆。

哈勃太空望远镜拍摄的 3 张照片展示了火星冰盖如何随着季节的变化而变动，从左至右是火星的秋季到春季再到夏季。

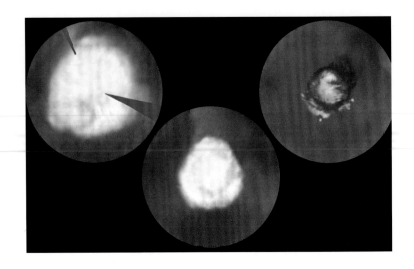

通常来说，每过几十万年，地球就会被一颗大到足以引发一场巨大灾难的陨石撞击一次。事实上，最近我们已经追踪到几颗引发人们担忧的、掠过地球的小行星。有几颗已经在月球的轨道内，在距地球仅几万英里（1 英里 = 1.6093 千米）的地方与我们擦肩而过。它们被归类为"潜在威胁小行星（PHAs）"，其中的任意一颗如果直接撞上地球，都可能引发另一次"大灭绝"。如果一颗潜在威胁小行星在它要撞击地球之前被仔细观察过了，那么我们也许可以做些什么——也许可以在靠近它的地方引爆核装置，改变它的轨道，以免其与地球相撞。

太阳和地球

在地球的历史上，有温暖的时期，也有寒冷的时期。最后的冰期在仅仅 1 万年前结束。在那之后，气温还有微小的波动——在小冰河期中，也就是在 1645—1715 年之间，伦敦的泰晤士河还经常会在冬天结冰，同时人们会在结冰的河面上举行冰冻博览会。所以，是什么导致了这些气候变化？

塞尔维亚工程师和数学家米卢廷·米兰科维奇（Milutin Milankovic）把气候变化归因于地球自身的运动。地球环绕太阳的轨道不是圆形的，而是椭圆形的。椭圆的偏心率在刚好超过 40 万年的周期里会在一定范围内变化。目前，地球的转轴倾角（斜交）与轨道面成 23.4°，这也是为什么会有季节变化。但是，在一个大约 41000 年的周期里，斜交会在 22.1°～24.5°的范围内变化。它正在减小，会在大约公元 10000 年的时候达到最小值。岁差（地球自转轴相对于恒星的方向的变化）在一个 26000 年的周期内同样会发生变化，而这会影响天极的位置。当金字塔被建造的时候，北极星并不是现在的北极星（Polaris），而是天龙座的右枢星（Thuban，天龙座 α）。把所有这些

← 通古斯大爆炸

1908 年 6 月，西伯利亚的通古斯河上空发生了一次爆炸。目击者报告说看到了一个明亮的火球。爆炸声在 960 千米外都听得到。970 平方千米的森林被夷为平地。48 千米内的树木都被冲击波击倒了。这次爆炸有可能是由一颗直径为 49 米的陨石引发的，它进入大气层后在地面上空 8 千米处发生了气化。

　　但是我们必须承认，一颗直径只有几英里大小的天体就会给人类带来灾难，而我们处理得不见得会比恐龙更好。令人不安的是，尽管我们为探测这种威胁付出了努力，但是最近有几个和我们擦肩而过的天体，是在它们已经飞过地球之后才被我们探测到的。

　　在其他一些完全有可能的自然场景中，地球上的生命也会提前终结。地质学家近来意识到超级火山有爆发的可能，这种爆发可能由处于超高压力下的巨大岩浆池所导致，我们已经在怀俄明州的黄石国家公园地下发现了一个。任何一座

↓ 北极浮冰

北极浮冰的范围正以每 10 年 9% 的速率减小。这张照片显示的是 2004 年的情况。

因素都计算在内，人们认为"米兰科维奇循环"能够解释温暖时期和寒冷时期的交替。

　　有些研究者不同意。毕竟，我们完全依靠从太阳接收到的辐射，而且尽管对我们来说幸运的是，太阳是一颗稳定且表现良好的恒星，但在某种程度上它还是会发生变化。11 年的太阳周期广为人知，但还有其他的因素。在小冰河期中，这个循环似乎停止了，只存在即便有也很少的太阳黑子。当太阳黑子又出现的时候，有一段全球变暖的时期。遗憾的是，可靠的太阳黑子记录只能向前追溯 2 个世纪，但是它与气候变化的联系是不容置疑的。当太阳最不活跃的时候，更多的宇宙线会到达我们的大气层，导致云量增多和温度降低。

　　当然，太阳最终会耗尽它的氢燃料并变成一颗红巨星，给行星造成灾难性的影响，但是这个危机不会降临到我们头上，我们也不必为此感到担心。在可预见的未来，我们预期一定会有温暖和寒冷的时期，但是我们有理由相信，地球在接下来的至少 10 亿年里还会是一颗宜居的星球。

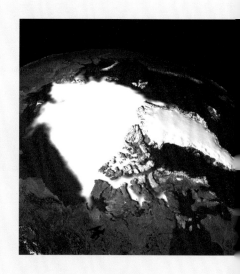

超级火山的喷发都会导致在大气中出现全球范围的尘埃云，这些云稠密且持续时间长，大部分植物和动物都会因为缺乏阳光而死去。现在，有人认为过去的一些大灭绝就是由超级火山导致的。

人为灾难同样有可能发生。我们现在有毁灭自己的能力，却还未达到避免其发生的文明程度。不管人类做什么，地球的终极命运都将是和太阳联系在一起的。我们的存在归功于太阳，毁灭我们星球的也将是太阳。

地球生命的终结

太阳正在耗尽它的核燃料，但出人意料的是，太阳变得更加明亮了。这个过程发生得非常缓慢，对我们来说就是在不知不觉中发生的。随着恒星中心的氢慢慢耗尽，太阳会收缩一点，从而对核心施加更大的压力，这升高了核心的温度。反应发生的速率在很大程度上依赖于核心的温度，所以燃料消耗得更快了。10亿年后，太阳的温度足以使地球的气候变得灼热而不宜居，地球上的居民也许不得不离开赤道地区，挤在两极附近。

➜ **参宿四**

这张参宿四（猎户座 α）的照片是除太阳以外第一张直接拍摄的恒星表面的照片。其中有些特征出乎人们的意料，比如中心下面的热点。

但是这只是暂时的逃离。随着低纬度地区变得不再宜居，沙漠会扩张，能够种植作物的土地会变得非常稀少。大陆板块的漂移早已破坏了我们熟悉的大陆形状。残留的冰盖都会融化，引起海平面的大幅度上升，大部分剩余的陆地会被淹没。

温度在持续升高。30亿年后，一个临界点到来了。那时的太阳会比现在亮40%，地球表面上的所有水都会因此蒸发掉。海洋消失了，我们的世界将变成一个非常危险的地方。

如果人类在环境发生如此明显变化的时候仍然存在，那么我们遥远的后代会做何反应？这些变化的发生可以被察觉，警报会被拉响，但即使是高度发达的文明似乎也不可能控制太阳。毫无疑问，人类会召开会议，但是讨论的内容会是什么呢？把地球向外移动到安全的位置或许可行，但是正如我们将要看到的，即使这样，也不是一个一劳永逸的解决办法。还有可能把地球移出太阳系，并以某种方式把它改造成自给自足的世界，这样没有太阳也可以幸存下来。如果这个被证明过于困难，那人类可能会考虑向另一个"太阳系"内的另一个"地球"大规模迁移，或者建设可以自给自足的巨大空间站以容纳幸存者。

如果人类什么都做不了，那么随着时间的流逝，整个地球有可能会变成一团熔融而沸腾的岩浆。没有缓和的余地，最终所有生命都会被抹去。地球的故事到此为止。对生命来说，在太阳系的其他地方，情况会暂时变得乐观一些。火星将会比现在温暖得多，由二氧化碳和水组成的巨大冰盖将开始融化，大气开始形成。在很短的时间内，也就是大约几千万年里，火星会短暂地成为一个宜居的地方。但是，这种情况持续不了太长时间。火星太小了，引力太小了，没办法长期束缚住新形成的大气。

有人建议，人类可以在土星最大的卫星——土卫六上找到一个避难所，那里有富含氮的稠密大气。可惜，事实不是这样的。土卫六表面的逃逸速度很低，之所以能束缚住大气，仅仅是因为它太冷了。在低温条件下，气体分子行动缓慢。只要温度升高几度，土卫六的整个大气就都会逃逸掉。

在接下来的5亿年里，太阳会膨胀到现在的2倍，尽管表面温度会降低，但是光度将会是现在的2倍。地球的轨道也会受到影响。太阳风会增强，开始失去质量，逐渐演化成一颗红巨星。质量的损失意味着太阳的引力会变弱，行星将开始向外移动。地

➤ 土卫六上的液体湖

在这些由卡西尼号拍摄的土卫六表面的图像里，有些地区的反射雷达波非常微弱，目前最有可能的解释是这些地区遍布了由液态甲烷组成的湖泊。这张地图的跨度大约是150千米。除了地球和火星，土卫六是太阳系中唯一表面存在液体的天体。

球会被甩到距离太阳大约2亿千米的位置，但是若想逃离已经大幅膨胀的太阳的酷热还远远不够。

红巨星太阳

展望更遥远的未来，从现在算起大约50亿年后，太阳核心的氢燃烧就会停止。氢将不复存在——在核聚变的过程中，氢都会转变成氦。核反应释放的辐射压无法再支撑恒星的核心，引力塌缩不可避免。外层物质会向内涌入，挤压核心，并加热物质。直到此刻，氦原子核还不能参与核反应。但是，仅仅几秒钟之后，温度就高到足以导致另一轮的核聚变发生。氦原子核结合起来形成铍和锂。这是一种更加高效的反应。太阳的辐射强度将会超过现在的2000倍，而且它会像气球般膨胀，吞噬水星和金星。太阳最终会变成一颗红巨星。

在演化的某个阶段，已经成为红巨星的太阳会变得更不稳定。它的外部包层会被一系列猛烈的脉动吹到距离主星很遥远的地方，形成行星状星云。

需要指出的是，行星状星云和行星无关，它只是演化到晚期的恒星被抛掉的外部包层。它们是宇宙中的蝴蝶，具有绚丽多彩的外表，但却只能存在数万年。这些天体中最著名的一个，就是位于天琴座的环状星云（M57），即使用最小的望远镜，也能很容易找到它，因为它位于两颗肉眼可见的恒星——天琴座β和天琴座γ——的中间，靠近明亮的织女星（天琴座α），甚至用普通的双筒望远镜都能看见它。在望远镜中，它看起来有点像闪着微光的力车轮胎。M57看起来是对称的，但是其他行星状星云的外形则种类繁多，它们的形状主要取决于物质从中心恒星喷射出的确切过程。最常见的是沙漏形，即大部分物质是沿着恒星磁场的轴线方向喷出的。根据这个模型，行星状星云看起来要么是一个沙漏形，要么是一个环形，这取决于我们看到的是它的侧面还是正面。在最宏观的尺度上，这个图像似乎是准确的，但是其中的大部分细节还很难解释。从化学的角度看，行星状星云是宇宙中最有意思的区域。在星云形成的早期阶段，中心恒星的光驱动化学反应，形成了很多分子。

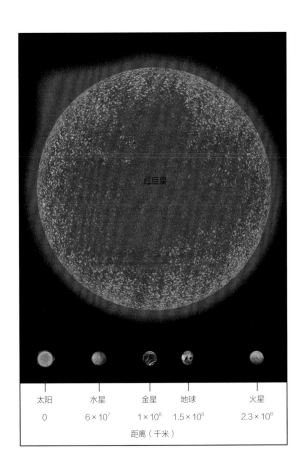

太阳	水星	金星	地球	火星
0	6×10^7	1×10^8	1.5×10^8	2.3×10^8
		距离（千米）		

← 被太阳吞噬

太阳将膨胀到能把水星和金星吞噬的大小。尽管地球目前的轨道也在红巨星的范围之内，但是恒星失去质量将导致地球向外运动并逃离。到那时，地球上的生命已经消失了很久。此图示展示了太阳变成红巨星时的大小，并可以与今天的内太阳系的大小进行比较。

月球的未来

　　月球仍将同地球联系在一起，但是它的轨道会发生变化。目前，因为潮汐效应，月球正以每年大约4厘米的速度远离地球。问题的关键是被称作角动量的东西。一个运动物体的角动量是质量、到运动中心的距离的平方以及沿着轨道运动的角速度（轴向旋转速率）三项的乘积。正如我们看到的那样，月球的轴向旋转和轨道周期是一样的（27.3天），这也是它永远都是一面朝向我们的原因（太阳系中的所有大型卫星相对于它们的主行星都是这样的）。角动量不会消失，只能转移。如果轴向旋转的速度变慢，正如在地月系统中先前发生的那样，那么某种别的东西必须增加，而这个"东西"就是两个天体之间的距离。这个情况和花样滑冰很像。当滑冰运动员把双臂收到身体两侧的时

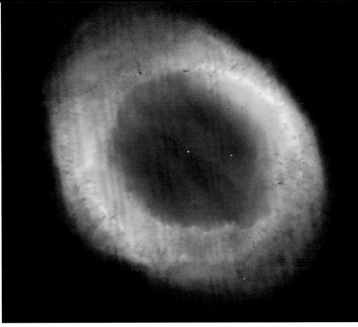

↑ 环状星云（M57）

在这个著名的行星状星云中，烟圈位于中央，周围围绕着产生烟圈的年老恒星爆炸的遗迹。如果我们可以三维观察它，那么我们的视角将是垂直管轴向下的。

← 红蜘蛛星云（NGC 6532）

这个行星状星云的网状结构是类似太阳的恒星喷射气体并成为白矮星的结果。在这种情况下，这颗白矮星是观测过的温度较高的白矮星之一。

候，角动量守恒，因此旋转速度增加。

现在这个过程不是完全平滑的，因为地球旋转仍然受到月球引力的牵制，每一天都要比前一天长0.00000002秒，尽管其原因还有和月球无关的不规则摆动。正是这些导致了偶尔要在官方时间上加上或者减掉闰秒。但是，月球不可能无限退行。如果它向外移动了差不多58万千米，那么它会由于太阳的潮汐效应而开始再次向内运动。那时，它的轨道周期和地球的自转周期会再次一样，周期将是今天的47倍。如果地球能够在太阳的红巨星阶段幸存，那么这可能真的会发生，当然那是地球上所有生命已经消失很久之后的事情。

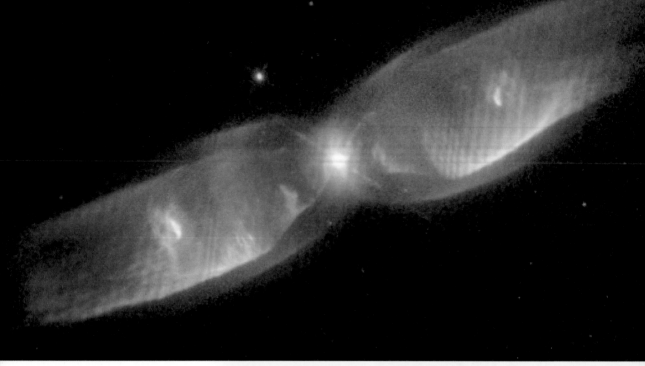

↑ 蝴蝶星云（M2-9）

如果这个星云从中间切割后再去看，那么它被称作双喷射筒星云则非常合适，因为气体的速度达到了320千米/秒。

➤ 臭蛋星云（OH231）

这张图片使我们得以洞察太阳的命运，因为我们看到了这个行星状星云的形成过程。以每小时数百万千米的速度移动的气体猛烈撞击着它周围的气体——超声波激波前面，就是气体发蓝光的地方。它会在接下来的1000年里演化成像上面那样完整的双极行星状星云。为什么叫臭蛋呢？因为在那里探测到了很多硫，而臭鸡蛋闻起来就有硫的味道。

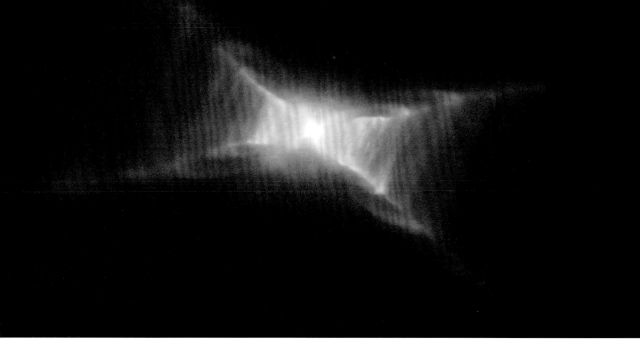

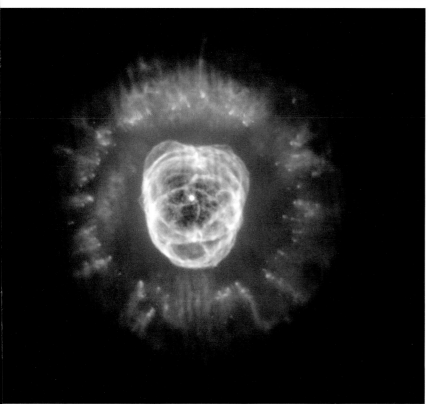

⌃ 红方星云（AFGL915）

这个行星状星云的梯子状结构中嵌套了我们正好能看到侧面的圆锥形中的恒星所喷射出的物质。

◂ 爱斯基摩星云（NGC 2392）

这个小型行星状星云所具有的尘埃和气体的模式非常复杂而且尚未被完全解释清楚。它看上去像是一张被毛茸茸的帽子包裹的人脸（在中等口径望远镜中看到的要比在这张美丽的照片中看到的更加明显）。

白矮星：坍缩的太阳

与此同时，我们再回到中心恒星。既然可用的燃料已经耗尽，那就不再有任何东西可以阻止恒星在自身引力的作用下快速坍缩。最终，密度变得非常大，一种新的阻力——简并压开始对抗引力。简并压是不相容原理导致的结果，这是量子力学理论中的一条基本定理，即两个粒子不能同时处于相同的状态。也就是说，如果两个具有相同电荷、质量和能量的粒子靠得太近，那么它们将会相互排斥。恒星将会一直收缩，直到简并压和引力平衡，坍缩才会停止。新的稳定状态是生成一个不大于地球的致密核，即白矮星。一勺白矮星的物质就会重达数吨。此时，地球距离已经耗尽能量的太阳残骸2.7亿千米。

未来将会怎样呢？答案一定是"非常可怜"。白矮星资源耗尽，没有能量储备，只能发出极其微弱的光，最终冷却到周围环境的温度。它变成一颗寒冷、死气沉沉的黑矮星所需的时间长到不可思议——事实上，甚至宇宙的年龄都不足以让它变成一颗黑矮星。太阳有可能以一颗仍被残存的行星幽灵环绕的微型死星的形式结束自己的生命。

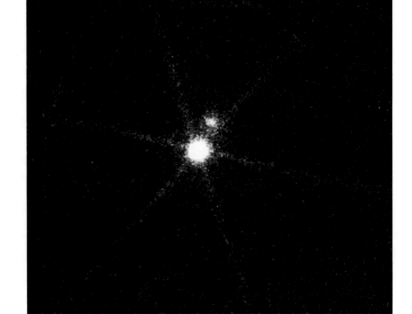

➤ 明亮的白矮星

天狼星是北半球最明亮的恒星。望远镜揭示出，它实际上是两颗恒星。在光学望远镜中，最亮的恒星是天狼星 A，而天狼星 B 是一颗亮度只有天狼星 A 万分之一的白矮星。然而，当在 X 射线波段观察时，情况正好相反，天狼星 B 是一个很强的辐射源。

中子星和黑洞

　　较大的恒星会有不同的命运。特别是当一颗恒星大到核心形成的白矮星的质量大于钱德拉塞卡极限，也就是太阳质量的1.4倍时，即使是简并压的量子效应，也不足以阻止进一步的坍缩。相反，压力是如此大，以至于单独的质子和电子都不能存在。它们只能被迫结合形成中子，最终形成被称作中子星的天体。中子星的密度甚至远远大于白矮星的密度，一块方糖大小的中子星物质的质量就等于所有人类加起来的质量！中子星非常小，直径不会超过24千米，但是平均质量是太阳的1.5倍。如果你可以站在中了星的表面，那你的重量可以达到百亿吨的量级。实际上，中子星是超新星遗迹最常见的形式。我们观测到的被称作脉冲星的谜一样的天体就是中子星。

　　在非常大型的恒星的超新星爆发事件中，即便是中子星，也不是核心的快速收缩这个过程的终点。一旦它所有的核燃料用光，坍缩就开始了，但是这一次的收缩是如此剧烈，以至于没有

↑ 一颗反常的超新星

当超新星1987a爆炸的时候，根据正文中提到的理论，在膨胀环的中央应该会留下一颗中子星或一个黑洞。但是到现在，我们还没发现它们存在的证据。

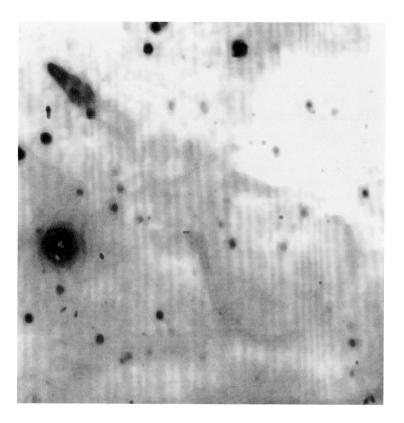

← 吉他星云（WNJ2225）

一颗中子星以大约1600千米/秒的速度在宇宙中穿行所留下的尾流在星际介质中形成了这把特别的"宇宙吉他"。

什么能阻止这个过程。这颗巨兽般的恒星不停地收缩再收缩，密度变得越来越高，越过了中子星这个阶段。在这个过程中，逃逸速度会增加。任何质量小于大约8倍太阳质量的恒星，生命结束的形态要么是白矮星，要么是中子星。如果一颗恒星的质量比这个值还大，那它会一直坍缩下去，并且正如我们已经看到的，它会形成一个黑洞。

脉冲星

脉冲星是快速自转的中子星，被认为是射电波的脉冲源，每秒钟会发出数次脉冲。我们已经在行星形成过程中讨论过角动量的作用，它在这里同样重要。当恒星的物质坍缩形成中子星时，它携带着自身的角动量，就像花样滑冰运动员收紧手臂会加速旋转一样，它会自转得越来越快。一旦坍塌完成，脉冲星将以几乎恒定的速率自转。现在已知很多每秒钟自转几千次的脉冲星，其中大部分都很年轻。随着时间的流逝，中子星的旋转会逐渐减慢。

是什么引起了脉冲？围绕中子星的物质发出的辐射被传送到靠近两级的窄束中。随着恒星自转，这些窄束掠过地球，就像灯塔的光束短促地照到远处海面上的船只或者海岸上的观察者一样。当窄束指向我们的时候，望远镜就探测到了一次脉冲。

脉冲星是宇宙中最精准的时钟。虽然由于恒星深处尚不为人知的过程，它们会偶尔出现小差错，但是除了这些罕见的事件以及随着时间的延长而减慢外，它们相当准时。因此，它们为天文学家提供了独特的实验室。特别是还有被称作双脉冲星的罕见系统，关于这个我们后面会介绍得更多。有研究人员说，发现了围绕脉冲星旋转的行星，并认为这些行星导致了脉冲计时的微小变化。但是，很难理解这些行星是如何从导致相伴的脉冲星诞生的那次爆炸中幸存下来的。

记住，我们一直在讨论恒星核心的演化，但恒星外层发生的事件其实更加剧烈。当坍缩突然停止的时候，外部包层在惊人的能量释放中被反弹回去，变成一颗超新星。

◄ **桶状星云**

这个银河系中美丽的超新星遗迹有一个只有在X射线波段观察才能被揭示的秘密，正如这里的这张X射线波段的伪色照片。明亮的蓝带可能是一次γ射线暴的遗迹，而γ射线暴是自然界中能量较大的爆炸之一。

这对碰撞的星系可能是寻找一次
新的超新星爆发的最佳地点。在
Arp 299 星系中，一个超级星团
在 600 万～ 800 万年前到达了恒
星形成的顶峰，很多恒星正以超新
星爆炸的形式结束一生。自 1990
年以来，我们已经观测到了 4 次
超新星爆发。

➔ 触须星系
（NGC 4038 & 4039）

这两个碰撞的星系的核心是橙色
的团块，混乱尘埃的宽带在二者
之间延伸。它们因为形似昆虫的
触须而得名，但是在这张哈勃太
空望远镜拍摄的壮丽图像中，这
种相似程度要比用地基设备拍摄
的照片中的相似程度差了不少。
最终，两个星系将结束它们的宇
宙舞蹈并且合并，但是现在它们
都还明亮地闪耀着。这在很大程
度上是因为碰撞触发了猛烈的恒
星形成过程。

碰撞的恒星世界

正如太阳在变老，遍布宇宙的老年恒星会死亡，新的恒星会
诞生。星系也在演化和运动。我们的本星系团只包含3个真正的
大型恒星系统：仙女座旋涡星系、三角座旋涡星系和银河系。其
中，仙女座是最大的，而三角座是最小的。仙女座星系距离我们
200 万～ 300 万光年，是离我们最近的星系。由于受到相互之间
的引力作用，仙女座星系正在以300千米/秒的速度靠近我们。因
此，30亿年后，在我们所处的这个宇宙区域将发生一件真正震撼
的事件：两个大型星系将发生碰撞。

如果一个小型星系同一个大得多的星系发生碰撞，那么它就
会简单地被吸收掉，通常会完全失去它的独立特征。总之，它必
然会被潮汐力严重破坏。每当它靠近较大的星系时，它的恒星都
会被剥离。但当两个大型星系相撞时，情况就大不一样了。

也许最好在这里说明一下，尽管我们是在谈论星系之间的碰
撞，但我们并不是在说单颗恒星也会碰撞。太阳和它最近的恒星
邻居——比邻星之间的距离超过4光年，它们之间的空间实在是
太巨大了，因此恒星之间的碰撞将会极其罕见，即便是在两个星
系合并的混乱环境中也是如此。

碰撞将持续数十亿年的时间。如果计算机模拟结果可信，那
么仙女座星系将首先经过我们的星系。对任何在场的观察者而
言，这个小光斑将变得越来越大，碰撞开始时，它将主宰我们的
夜空。当两个星系储存的气体发生碰撞时，随之而来的激波将触
发数以万计新恒星的诞生，其中很多都将位于由炽热的蓝色恒星

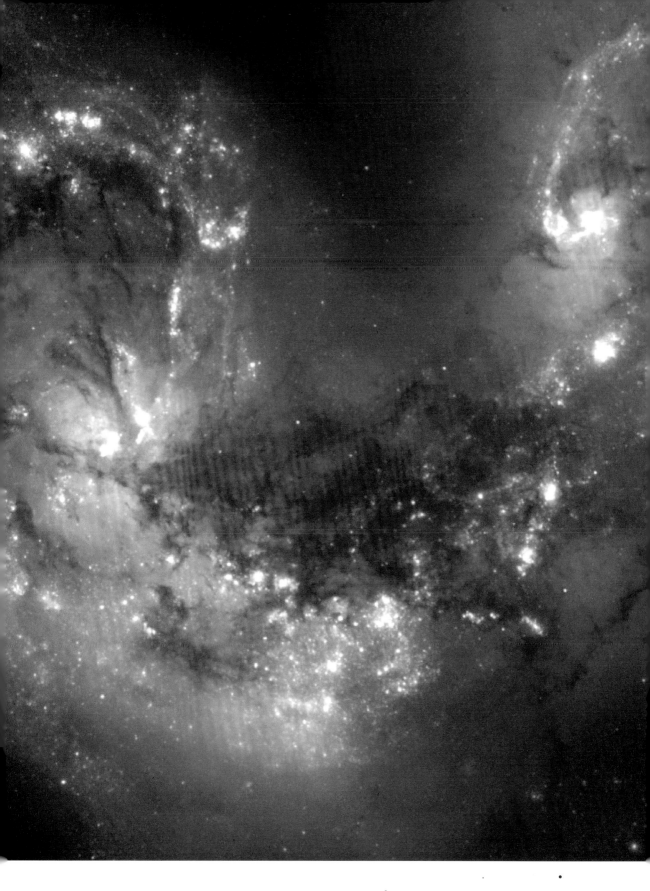

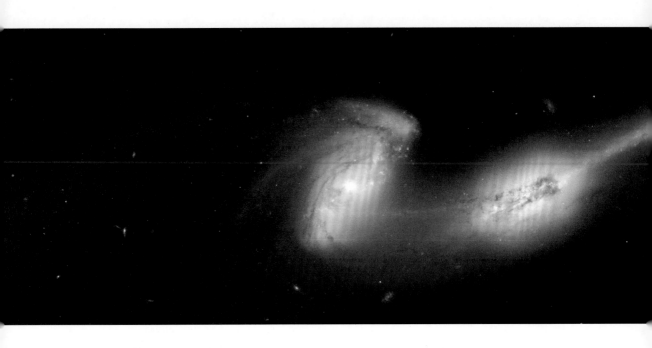

↑ 老鼠星系（NGC 4676）

这对碰撞的星系被称作老鼠星系，位于后发座，距离我们3亿光年。这个宇宙事件最终会以这对星系合并成一个巨型星系而结束。它们将比触须星系更早完成合并，并在新总表（New General Catalogue，NGC）中被归类为一个单独的系统。

所主宰的明亮星团中。很多质量大、寿命短的恒星的产生意味着超新星现象将很普遍，它们爆炸产生的激波将会进一步触发大规模的恒星形成。天空中将布满炽热发光的气体和尘埃云。之后，在跌进曾经的银河系的核心前，仙女座剩下的物质将会花费大约1亿年时间去完成一个180°的大转弯。起初，大部分物质会像长飘带一样留在后面，但是随着时间的推移，它们也会落向中心，结果可能是形成一个大型椭圆星系。最终，位于银河系中心的黑洞将会和那个几乎一定会位于仙女座星系中心的黑洞合并。人们通常相信两个黑洞发生碰撞，将形成一个质量更大的黑洞，同时一定会发出强烈的辐射，并伴随着所谓的"引力波"。

引力波

引力波是由爱因斯坦的相对论预言的，可以被看作是空间的涟漪。它们只在能量最高的事件中才能大量产生。但是，即便这样，引力波的效应也非常微弱，尚未被探测到❶。人们进行了很多尝试，但是探测我们周围空间的涟漪效应需要惊人的精度——相当于在测量一根1英里长的杆的长度时，误差要小

❶ 2015年9月14日，美国激光干涉引力波天文台（LIGO）探测到两个黑洞合并产生的引力波，这是人类首次直接探测到引力波。三位领导这项研究的物理学家因此获得了2017年诺贝尔物理学奖。

于1个原子核的大小。也许最有希望的探测手段是使用卫星，几个项目都在计划中。探测引力波将使我们能够了解全新的情况、探测全新的天体，其中包括一些宇宙中最罕见的现象。

尽管我们还没有探测到引力波，但是有令人信服的证据表明，它们在一种奇特的系统里存在，这种系统就是双脉冲星。在这个系统里，两颗致密的中子星彼此环绕。由于这些奇异的天体会释放出可在非常远的距离上观察到的、极有规律的能量脉冲，因此我们能够十分精确地测定出它们旋转的时间。天文学家已经发现，这些双脉冲星正在沿螺旋状轨迹彼此靠近，这意味着系统一定在失去能量，而失去的能量与预测中的会转化成引力波的能量刚好相等。不过，在我们探测到引力波之前，我们仍不能确定已有的答案。

是结束吗

无论中心黑洞发生什么，此时，地球早已不再宜居，太阳的寿命也已经接近一颗发光恒星的生命尾声，甚至它可能已经成为了一颗白矮星。我们不会在那里目睹这一切，但会有人看到吗？

大部分释放的能量都是危险的，例如X射线，任何存在生命的行星都会被高能辐射淹没，这些辐射会扰乱新陈代谢的过程，破坏活体组织。辐射甚至会强到足以抹去哪怕是科技上最先进的文明。至少我们相信，猛烈的活动最终会逐渐平息，新形成的星系早晚会尘埃落定。大部分气休会在紧随碰撞的宇宙烟花中耗尽，恒星形成的速率也会达到峰值。也许最终的结果会是形成一个平静、稳定却也毫无生机的系统。

在接下来的50亿年里，这些不同的过程将会一直持续——恒星死亡、恒星诞生、超新星爆发以及星系之间的碰撞。最显著的长期变化将会是星系团之间距离的增加。我们正缓慢但不可避免地走向宇宙漫长的黄昏。

第七章
宇宙的终结

大爆炸后 187 亿年以后

↑ 宇宙的墓地

在 10^{20} 年之后，巨大的黑洞（图片右侧）将会同恒星和行星的遗迹共享一个极大膨胀的宇宙。

宇宙的最终命运是什么？现在还很难在一系列可能性中做出选择，但是这个答案一定取决于终极对战中仅有的两位玩家——引力以及驱动宇宙加速的力（称作宇宙学常数）的相对实力。

让我们先来考察引力胜出的情况。膨胀会停止，然后局势扭转。与在红移光谱中观察到星系远离我们的情况相反，当它们向我们靠近的时候，我们将看到蓝移。宇宙的温度会升高，星系团之间的碰撞将会变得越来越常见。天空会变得明亮，最终整个宇宙会在"大挤压"中结束，有点像反过来的大爆炸。

接着会发生什么？也许宇宙会反弹，这样我们的宇宙的大挤压会成为下一个宇宙的大爆炸，如此这般，无穷无尽。这样的宇宙循环使得我们可以免于假设一个时间开始的创生时刻，这个想法令人感到欣慰。

不幸的是，目前的证据显示，大挤压几乎不可能发生。宇宙中的物质太少了（即使包括暗物质），没办法逆转膨胀。引力不够强。而宇宙学常数的存在只会使事情更糟，宇宙似乎将以一个不断增加的速率永远膨胀下去。由于接下来会发生什么取决于宇宙学常数的强度，现在是时候来看看它是否真的是一个常数了。到目前为止，我们还没有证据能用于下定论。目前，我们知道的一切都和它是常数相吻合，所以让我们假设是这样的，然后再看看会发生什么。

永远膨胀

在我们的太阳冷却并且死亡很久以后，随着星系团之间的距离不断增加，恒星仍然闪耀。人们认为在这些星系团中，其成员之间的距离相对较短，所以引力仍然起着主导作用，可以把它们约束在一起。但是，在星系群之间的巨大距离上，宇宙斥力会带来不断增大的裂痕。星系看起来都会变得更加暗淡，即便在星系团内部也会有所变化。随着时间的流逝，明亮的恒星会爆炸，留下微弱的遗迹，黑洞数量不断增加。随着可以用来形成新恒星的物质越来越少，宇宙先是逐渐变暗，然后加速坠入黑暗。

从现在开始大约 10^{13} 年后，恒星将停止辐射，核燃料也将所剩无几。引力效应继续起作用，很多黑矮星会近距离相遇。一颗围绕星系中心运行的恒星将以辐射引力波的形式失去能量，并且慢慢向星系中心靠近。它会加入其他恒星的队伍，最终导致超大

➔ 超大质量黑洞
　　（NGC 1097）

这个图像详细显示了位于螺旋环中心的超大质量黑洞通过渠化过程吞没物质的过程。沿着尘埃和气体环，有超过 300 个可见的白点，它们都是恒星形成的区域。

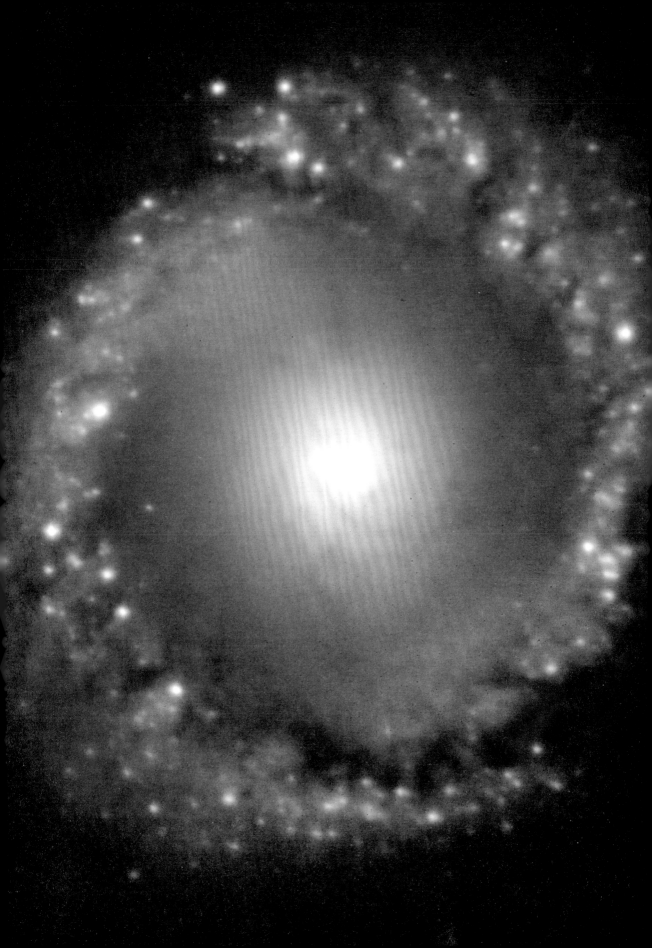

M87 星系是室女座星系团中最重要的成员，距离我们 6000 万光年。它有 14000 个球状星团以及壮观的喷流，喷流从中心向外延伸超过 8000 光年。它强烈的辐射遍及从 X 射线到无线电波的所有波段，驱动这些的是一个超大质量黑洞。

质量黑洞的形成。同样的基本原理可能适用于曾经是超星系团的成员，比如今天的本星系团和室女座星系团，所有的物质都集聚在中心。

大约 10^{20} 年以后（这是目前宇宙年龄的 100 亿倍），情景会变得非常凄凉：死亡的恒星、行星的幽灵、巨大的黑洞以及四散的基本粒子和光子。整个空间会增大到超出我们想象的尺度。黑洞之间的距离是目前可观测宇宙大小的 100 倍以上。每一处的生命都灭绝了。宇宙尚未灭亡，但是游戏已接近尾声。

没有什么是永恒的

甚至黑洞可能都不是永恒的。我们前面提到过，任何空间中的真空都被认为充满了虚粒子，它们的寿命太短，通常不能转化为普通物质。这些粒子成对出现，除了携带相反的电荷外，其他性质完全相同。它们会迅速相互湮灭。

但是，假设一个粒子和它的反粒子恰好出现在黑洞视界的外部（记住视界是不可逃离的区域边界），在这对粒子像通常那样相互湮灭之前，其中的一个可能被吸进视界，而另一个朝相反的方向弹射。对一个黑洞外的观察者来说，这和黑洞从视界内发射出一个粒子是等价的，所以，实际上黑洞质量减少的量和发射出的粒子的质量是相同的。视界的半径同样在收缩。这个过程会一次又一次地发生。伴随着霍金辐射的发射，黑洞变得越来越小，最终它将在一次辐射爆发中蒸发。

接下来是终点：质子衰变。质子被认为是由夸克构成的，但它最终可能分裂成更轻的粒子和辐射。它可能首先衰变为一个正电子（反电子）和一个叫介子的粒子。介子不稳定，会迅速衰变成光子。质子的平均寿命据估计至少会达到 10^{31} 年这个数量级，因此，到现在为止还没有发现质子衰变的实例就一点都不令人惊讶了——宇宙的年龄只有 10^{10} 年而已。但是如果这个图景是正确的，那在 10^{33} 年后，宇宙将完全变成一片光子和基本粒子的海洋。

空间的膨胀将会导致难以置信的稀释。据估计，在 10^{66} 年之后，普通电子之间的平均距离将超过我们今天可观测宇宙半径的10万倍。1古戈尔（10^{100}）年过去了。也许在 10^{116} 年之后，剩下的粒子也会衰变成辐射。宇宙不断地变得更暗也更冷，什么也都不会再发生。

记住这个描述是基于"加速力保持强度不变"这个假设的。但如果不是呢？如果它变弱或者它完全停止起作用，我们仍然会到达这种刚刚描述过的凄凉、孤独的未来，虽然过程变慢但是不可避免。如果宇宙学常数强度增加，那么将有一个更惨烈的结局在等待着我们。

↓一个黑洞的死亡

这是一张黑洞通过发射霍金辐射而收缩的可视化图像。人们认为最终所有的黑洞都会以辐射的爆发来结束自己的生命。当它收缩的时候，它发出的辐射将逐渐移向光谱的蓝端。

大撕裂

刚开始不会有明显的不同。事情会发展得更快一些，但是我们很快就只剩下了孤立的星系团，到此时它还一直被引力束缚在一起。当物体靠得近的时候，也就是在小尺度上，引力是最强的，而加速力却随着距离增大而强度增加。但是，宇宙学常数不断增加的强度将最终在越来越小的尺度上起支配作用。首先，星系团会被撕裂，在可观测宇宙的中心留下一个孤立的星系。在这个阶段，宇宙中的结构只能持续不到10亿年。在结局到来之前的6000万年里，孤立的星系会被撕开，恒星或者只是残存的遗迹会飞向各个方向。现在，宇宙比想象的更空旷，物质也比想象的更孤立。但是宇宙还有大戏将要上演，这就是我们所说的大撕裂。

宇宙继续膨胀，而且越来越快，最终组成恒星的物质也会被撕裂。任何仍然幸存的行星也会在结束到来之前30分钟被摧毁。我们只剩下一片原子的海洋。甚至这也不是终点，膨胀似乎会继续让原子加速并被撕裂，留下的只有辐射。即便是把原子核束缚在一起的力，也不再能够抵抗斥力。宇宙变成了一片辐射和粒子的海洋，就像是在大爆炸刚发生之后一样，只不过密度近乎无穷小。

这是一门严肃的科学，可是人们必然会有一种本能的、相当怪异的感觉，觉得哪里出了问题。宇宙以这些方式中的任何一种形式结束似乎都是无意义的，很可能我们忽略了什么关键因素。如果最后没有更多的事件发生，那么我们就没有东西去测量，我们也可以说时间结束了。如果时间结束了，我们就不能推测在那之后会发生什么，因为将不会有"之后"。很难相信这样极其复杂和有序的宇宙将在平淡无奇的混沌中结束。科学不能让我们走得更远，除非我们智慧的力量发展得足够强大，让我们获得全新的洞见，否则我们无能为力。

平行宇宙

至少我们知道我们的地球以及在地球上繁衍的生命只有有限的未来。宇宙虽然有一个更遥远的未来，但是如果现代理论正确的话，这个未来并不是无止境的。因此，这是否意味着，总有一天，所有的智慧都将宣告结束？我们对宇宙了解很多，还有"平行宇宙"的概念，平行宇宙和我们共存，但是在不同的维度上，彼此间不可能发生接触。这样的宇宙可能在每一个方面都与我们的不一样——不同的构成、不同的起源和不同的时间尺度。如果平行宇宙存在的话，它们也会面临灭亡吗？

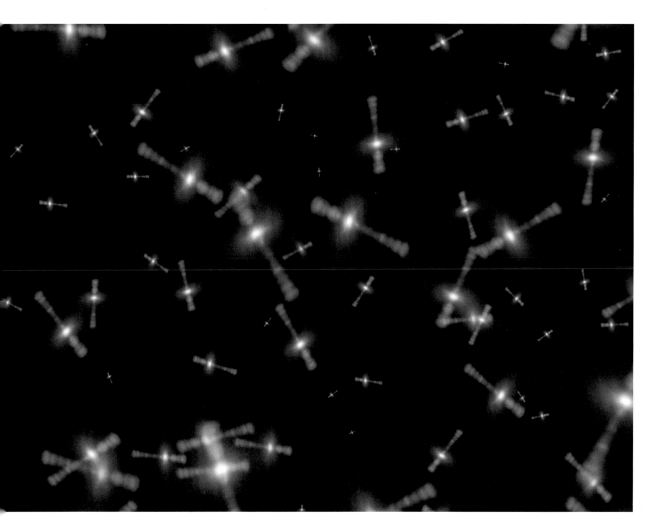

大撕裂

即使是把原子核束缚在一起的力也不再能够抵抗斥力。宇宙变成一片辐射和基本粒子的海洋，很像大爆炸刚刚发生之后的样子，但是密度近乎无穷小。

假设它们存在，关于这一点我们没有丝毫的证据，平行宇宙也许在我们的宇宙灭亡或者消失之后还能持续很久，并且如果它们支持智慧生命，那么最终完全死寂的图景可能不再有效。问题是，目前似乎没有发现平行宇宙的办法。如果我们真的到了一个完全静止的最终状态，那么可以说，"我们的宇宙或很多个宇宙的整个实践"都是徒劳的，这是许多人难以接受的。

故事的结局

我们已经尽力以天文学家目前理解的方式去追踪宇宙的历史。我们从大爆炸开始，追踪了暴胀期、透明化、第一代恒星、星系、行星和生命各个历程，并展望了数十亿年后真正暗淡和遥远的未来。就在我们创作本书的时候，这个故事仍然是所有故事中最令人信服的一个。但是，在100年之后甚至10年后，它还是准确的吗？好吧，我们也不知道！

结语

我们是星尘，但依然各自灿烂……

——琼妮·米歇尔，1969年

每天，伴随着可供使用的设备越来越强大以及由复杂的计算机模型强化的理论工作的进行，天文学家对我们生活的精巧复杂的宇宙了解得越来越多。收集的数据越多，就越可能发现大爆炸之后的每种类型的事件都是必要的，从而创造一颗蓝色行星，使得人类以及所有其他与我们相伴的动物和植物的演化成为可能。当然，这并不意味着我们比其他生命更加重要，或者在展开宇宙历史长卷的过程中，我们的时代比其他章节更有意义。也许，人类的演化仅仅是宇宙演化道路上的必要环节而已。

我们希望以事件的正确顺序，而非被发现的顺序来讲述这个故事。在此过程中，我们已经向读者传递出贯穿宇宙演化的主线的非凡力量，一条与我们紧密相连的主线。我们所是、我们所知，都在最初的大爆炸中。在某种意义上，我们仍在大爆炸中。

我们这些作者相信，根据目前的知识，这本历史书是一次描绘事情如何发生的不错尝试。我们非常慎重，没有深入冒险探究事情发生的原因，也没有探究是否有某种超人类智慧在背后操纵。在缺乏任何物理学证据的情况下，这是神秘主义和宗教的领地。我们觉得，如果宇宙的运转所具有的美都能被正确欣赏，那么在科学和宗教之间是不存在冲突的，它们只是在处理不同的方面。我们希望，在这个目前流行的话题上，能够做出一点贡献。如果我们穷尽一生来试图完全理解一枝百叶水仙是如何生长的，那么我们就不甚理解它为何会如此美丽。尽管如此，满足我们在这两个方面的好奇心，我们可以拥有无穷的乐趣。祝你读得开心。

布莱恩·梅
帕特里克·摩尔
克里斯·林托特
2006年

◄ **我们的家园**

这又是一张新月的照片吗？再仔细看看，这是在宇宙中看到的我们的蓝色星球，所有的人类历史都在这里上演。

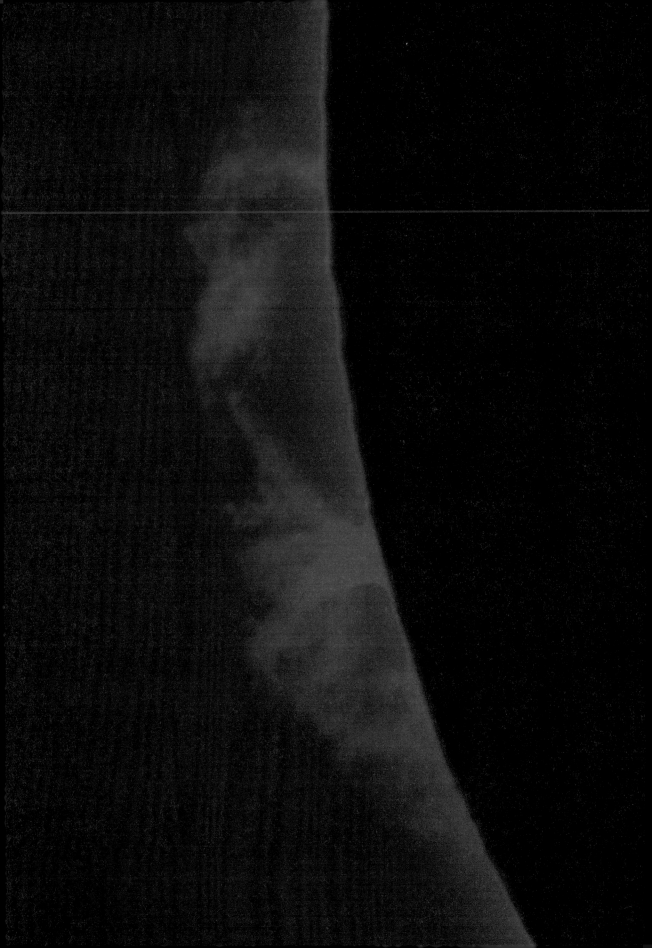

实用天文学

这个神奇的宇宙有多少是你可以亲自看到的？答案是非常多。天文学可能是唯一一项业余爱好者和专业人士可以紧密协作的科学，而且业余爱好者可以做出真正有价值的贡献，并给自己带来无穷的喜悦。你不需要花很多钱购买昂贵的设备，就能成为一名真正的观测者。最著名的彗星猎手和新星猎手乔治·阿尔科克（George Alcock）在他的一生中从未使用过天文望远镜，他所有的工作都是使用功能强大的特制双筒望远镜在他的花园里完成的！

如何成为一名天文学家

以下的建议也许会有用，尽管不同的人肯定会有不同的做事方式，很多时候又取决于个人的条件和环境。这里我们给出一些希望是有用的建议。

1. 阅读一些入门书，确保你了解了基本的要点。通过阅读本书前面的内容，你肯定已经了解了天文学中的很多事实，但是万一还有困惑，本书后面的术语表能帮上忙。

2. 加入一个天文学组织。世界上很多国家都有全国性的天文学组织，比如英国天文协会和美国变星观测者协会，你唯一需要的就是热情。另外，世界上的大部分大城市都有本地的组织。通过加入这些组织，你可以结识新朋友，也总会有人提供帮助和建议。天文学家通常都是友善的人。

◄ 日珥

用太阳表面的炽热氢气产生的红光制作的日珥图片。

◄ 2004 年观测金星凌日

在帕特里克位于英格兰西萨塞克斯的天文台，一大群天文学家正在观赏这个罕见的天象。

3.获得一份像本书P174～178那样的星图，当天空黑暗且晴朗的时候，到户外去熟悉星座。这可能没有想象中的那样困难。记住，如果不使用光学设备，那么你同时能够看到的恒星数量不超过3000颗。星座的图案是很独特的。而且，年复一年，一个世纪接着一个世纪，恒星几乎位于同样的位置。只有离我们最近的邻居，也就是太阳系的成员，才会从一个星座漫游到另一个星座，但即便是它们，也被严格限制在天空中被称作黄道的带状区域内。

4.找一副双筒望远镜，开始寻找选好的天体，比如红星、星系团、星云，或者是金星的相位以及木星的卫星。当然，如果你足够幸运，那么可能会遇上一颗彗星。例如在1997年，壮观的海耳-波普彗星高悬在天空中长达数月。

5.到这个时候，你几乎已经能确定你对天文学的兴趣究竟有多深以及天文学的哪个分支最吸引你。你需要什么设备取决于此。你肯定需要一架天文望远镜，现在的情况要比几年前好很多，因为买一架很好用的望远镜价格并不昂贵。当然，一个配备了大型望远镜和辅助设备的天文台要花很多钱，但那是后面的事情了。另外，记住望远镜不是消耗品，如果保养得当，只需要简单维护，它就能用一辈子。

我们会在后面更多地介绍望远镜。现在，让我们把自己放在已经读过这本书的爱好者的位置上，急于想要看看他们刚读到的天体。让我们假设他们也拥有一台好的双筒望远镜以及一架不太贵的天文望远镜，即一台3英寸或者80毫米的折射式望远镜。那么，我们从哪儿开始呢？

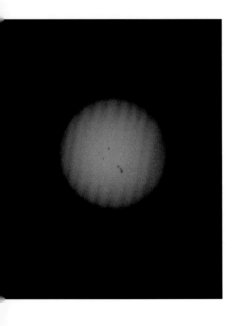

↓ 太阳黑子

由约翰·弗莱彻（John Fletcher）在帕特里克的天文台拍摄。

太阳

了解星座很重要，但是也许大部分人会想从我们最近的邻居，也就是太阳系内的成员开始。这里第一个就是太阳，但一开始就一定要在脑海中记住一件事情：太阳是危险的（必须记住！）。即便在太阳低沉、看起来不会造成伤害的时候，也不要直视太阳，这是绝对要牢记的，因为太阳会在电磁波谱的各个波段发出辐射，不只是在可见光波段，同时很明显，太阳光很热。除非提前采取适当的预防措施，否则使用任何天文望远镜或者双筒望远镜直接看太阳，都会导致永久性的眼损伤，并可能导致永久性失明。不幸的是，现在一些小型天文望远镜在销售的时候还戴着"太阳罩"，声称可以固定在望远镜目镜前面来降低亮度和热量。这些设备是无效且危险的。它们无法提供足够的保护，而且它们经常会毫无预兆地碎裂。它们永远都不应该被使用。的确有可以安装在折射式望远镜上的滤光片，但是在你真正了解自己在做什么之前，不要尝试这种直接的太阳观测。

正确的方法是用望远镜作投影仪，然后在一个位置合适的屏幕上观察太阳的像。这种方法足够安全，同时图像也会显示出恰好出现在附近的太阳黑子。如果每天观测，你会发现由于太阳的自转，黑子在盘面移动。这样的观测是很吸引人的。记住，太阳是一颗普通的恒星，也是唯一一颗近到足以让我们进行真正详细研究的恒星。

专业的太阳研究需要超出我们目前能力范围的特殊设备，但是有很多现成的书可供读者参考。当然，太阳观测者不需要忍受黑夜里刺骨的寒冷，即便是在城市的中心位置也可以观察太阳！

月球

接下来是月球，尽管它也可以使你目眩，但是月球是安全的——它传递给我们的热量太少了，没有危险。月球的主要特征是月海、山脉和环形山。肉眼可以看见主要的月海，双筒望远镜可以展示出很多环形山以及令人印象深刻的山脉，使用天文望远镜则可以看到令人难以置信的大量细节。

← **月面环形山**

在图片底部的这个直径 90 千米的环形山被命名为柏拉图环形山。

月海是熔岩平原，有些外形规则，有些边界则没那么明显。它们曾经被认为是真正的海洋，或者至少是海床，因此它们都有有趣的名字：澄海、虹湾、风暴洋等。我们现在知道，月球上从来都没有过存在地表水的区域，不过，月海的名字都被保留了下来。月海十分干燥，布满环形山，伤痕累累。其中一些月海以山脉为边界——比如规则的雨海的部分边界就是亚平宁山脉和阿尔卑斯山脉，它们的顶峰高度要高于地球上的同名山脉。值得注意的是，大部分的月海形成了一个彼此相连的系统，相对较小的危海是个例外。月海没有延伸到月球的边缘，这引出一个非常重要的问题。

月球的公转周期是27.3天。正如我们看到的，这和它的自转周期完全一致，因此月球的自转是被"锁定"或者说是"同步"的。这没什么神秘的——千百年来的潮汐摩擦导致了这个结果，而且各大行星主要的卫星也都是这样。月球永远都以同一面朝向地球，所以在太空时代到来之前，我们对月球的背面一无所知，月球的背面一直背对着我们，因此我们永远都看不见。注意，正如我们前面说过的，虽然月球永远都是同一面朝向地球，但却不是永远都是同一面朝向太阳，所以月球的两个半球的昼夜条件是一样的，并不存在所谓的"暗面"。

然而，再一次如前所述，由于"天平动"效应，事情变得复杂。月球的轨道并不是圆形的，而是一个明显的椭圆形。根据开普勒定律，月球在距离我们最近的时候（近地点）速度最快，而在距离我们最远的时候（远地点）速度最慢。但是，月球的自转速度保持恒定。这意味着在每一个周期中，它在轨道上的位置以及它的自转会稍微不同步。月球似乎在非常缓慢和轻微地摇摆，因此，我们在不同时间可以看到月面边缘的不同区域，这称作经天平动。这和其他次要的天平动合在一起，意味着总的来说我们能看到59%的月球表面，尽管在任何一个特定的时刻能看到的部分都不超过50%。

直到1959年，剩下的41%才被探测到。1959年，苏联发射的无人探测器月球3号，完成了一趟往返之旅，获得了这片未知区域的首批照片。不出所料的是，这些区域和我们已知了解的区域非常相似，有山脉、峡谷和环形山。一个叫作东方海的巨大月海几乎占据了较远一侧的全部，尽管在最大天平动时，人们在地球上可以观察到其中非常小的一部分。在1948年，第一次注意到这个现象的正是帕特里克·摩尔！美国的观测者在大约10年之后再次发现了这个现象。

位于月球的明暗交界线上或者附近的环形山最明显，因为它的底部会全部或者部分被阴影覆盖。很多大型的环形山都有很高的中央山峰，这些山峰能够被阳光照射到，而大部分的底部则仍然处于黑暗中。当太阳升起的时候，阴影会收缩，在高光照下即使一个很大的环形山也会变得很难辨认，除非它有特别暗的底部或者特别明亮的侧壁。

对于新手来说，在满月的时候进行观测是非常糟糕的选择，这个时候几乎没有阴影，只能看到从很少的环形山——比如风暴洋的哥白尼坑以及南部高原的第谷坑——发出的明亮线条。这些线条是表面沉积物，在低光照的情况下无法被看到。你可能对环形山的名字感到好奇，它们是用来纪念过去的一些人物，包括月球观测者的。这个系统最早是由耶稣会会士、天文学家里希奥利（Riccioli）创立的，他在1651年绘制了一幅月面图。这个系统沿用至今，尽管一些不同寻常的人也在那里留名。尤里乌斯·恺撒有一个大的环形山，但不是因为他的军事成就，而是因为他与历法改革的联系。有一个环形山叫作赫尔环形山，但并不是特别深（环形山的名字Hell在英文中还有"地狱"的意思），这样命名是为了纪念18世纪的匈牙利天文学家麦西米利安·赫尔（Maximilian Hell）。

其他的月表特征包括山脊、孤峰、低丘或者圆顶以及裂缝状的细沟（也称作月谷或者裂纹）。因为月貌随着光照条件快速变化，所以最好采用几种不同的模式，在不同的光照下使用草图把月貌速写下来。坚持不懈，用不了太长时间你就能熟悉月面。当每次观测开始的时候，最好先浏览一下所要研究的区域，当然可以使用一张摄影的轮廓图（要把所有主要特征都包含在内）。在任何时候都不要尝试绘制一个太大的区域，也不要使用太大的放大倍数。如果图像变得模糊或者不稳定，要立刻调低放大倍数。把电子设备和中档望远镜结合使用能拍摄出极佳的图片。

月食

当月球进入由地球所产生的锥形阴影的时候，照射到月球上的阳光就会被切断，月球就变成了暗淡的古铜色，直到它移出阴影。月球并不会完全消失，因为一些光线会经由环绕地球的大气外层而折射到月球上。月食或者是月全食，或者是月偏食，显然它们只能在满月的时候发生！月食现象并不重要，但是它们看起来很迷人，而且能拍出绝佳的照片。

▼ 月食

发生月全食时月球的颜色取决于地球大气的状态。在一次像1883年的喀拉喀托火山喷发那样的大喷发后，月球看起来相当暗。

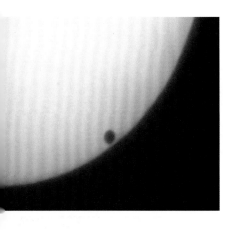

行星

对于拥有小型或者中型天文望远镜的人来说，行星一直都是很受喜爱的观测目标。在不到一个世纪之前，也许真的可以说，我们对于行星表面细节的大部分知识都来自天文爱好者。现在的情况已不再是这样，但是行星观测和过去一样令人着迷，部分原因是一个人永远都不知道接下来会发生什么。

太阳系家族的内侧成员——水星和金星——不是特别令人激动。水星几乎很难看到，除非是刻意进行搜寻，因为水星在天空中总是距离太阳太近。使用肉眼，只能在最佳状态下才能看到，或者是日落后在西方天空的低处，或者是日出前在东方天空的低处。最好的观测时间其实是白天，那时水星高悬于天空中，但问题是太阳那时同样高悬于天空中。你需要配有精确定位设备的自动望远镜，才能找到水星。用望远镜扫过天空寻找水星是最不明智的，因为倒霉的观察者迟早都会错误地看向太阳。即使找到了水星，能看到的东西也只有典型的相位。迄今为止，只有太空设备能展现水星的环形山、平原和山脉。

使用望远镜观察金星比水星要稍微值得一点。金星比其他任何恒星或者行星都要亮得多，真正视觉敏锐的人甚至在大白天都能用肉眼看到它。金星的相位非常明显，但是通常来讲，这个盘看起来没什么特色，除了模糊的云斑和明亮的区域外，也没什么标志。稠密的大气层隐藏了金星的表面，一般的望远镜无法穿透。金星上没有阳光明媚的那种天气。科学家不得不使用空间探测的方法来揭示它的环形山、熔岩流和火山。我们现在知道，尽管金星以爱神的名字命名，但却是一个环境恶劣的地方。对使用望远镜观察的爱好者而言，金星没什么观察的价值。

凌日

在某些情况下，水星或者金星会在太阳的前面经过。水星凌日比较常见，上一次发生在2016年5月9日，下一次将会发生在2032年11月13日，但是需要使用光学设备才能观察到。上一次金星凌日发生在2012年6月6日，而下一次则要直到2117年12月11日。在发生凌日现象时，金星非常容易被看到。但在观察太阳时，所采取的常规保护措施缺一不可。

火星

　　火星的不同之处在于它的大气没有隐藏它的表面特征，而且当这颗行星位置合适时，使用一架小型望远镜就能看到它的暗区、黄褐色的沙漠和白色的极冠。但是，火星是一个小世界，只有当这颗行星位于冲——火星与地球和太阳在一条直线上，并且火星和太阳位于地球的两侧时——才能获得短短几周的观察良机，因此观察者必须利用好冲发生前后的夜晚。不是所有的冲都是一样的，火星的轨道是明显的椭圆，因此最好的冲发生在火星同时位于近日点（距离太阳最近的点）的时候。在2003年发生火星大冲的时候，地球与火星的距离不到5600万千米。

　　在冲之外，火星表现出清晰的相位，在一些夜晚里与不是满月的月球看起来很像。在绘制火星的时候，一定记住要考虑相位。火星的自转周期要比地球长半个多小时，因此不必像观测木星时那样赶时间去定位它的主要特征。

　　如果你要手绘火星，首先要画出极冠（如果看得见）和暗斑。四处观察是否有云，把望远镜的放大倍数调到最大，加入完善的细节。记录观测时间以及望远镜、放大倍数和天气状况的细节，同时还有中央子午线的经度。注意，只画下你所看到的，而不是你期望看到的。帕特里克清楚地记得他第一次使用亚利桑那州的弗拉格斯塔夫天文台的24英寸折射式望远镜观察火星时看到的景象，这也是珀西瓦尔·洛威尔用来画出他那著名的火星运河网络所使用的望远镜。真能看到运河吗？事实上根本看不到。

　　天文爱好者使用电子设备和小型望远镜拍摄的绝佳图片，在某种程度上补充了我们对火星的观察结果。在本章里展示的这些图片要比1960年的任何专业的火星照片都要好。我们可以看见巨大的火山，比如奥林匹斯山。但是在地球上，我们永远都不能一览复杂的峰顶火山口的景色，也不能感受到巨大的水手谷的深度。只有太空飞船才能向我们展示这些壮丽的景观。

小行星

　　火星的轨道之外就是小行星带。这些小东西在望远镜里看起来就像是恒星，毕竟即使是最大的谷神星（Ceres）的直径也还不到1000千米。但是，我们有它们的位置的详细信息，而且小行星也很容易被拍摄到。一些小行星，比如使神星（Hermes），被归类为"潜在威胁小行星"，因为它们的轨道穿过地球的轨道。未来的碰撞不能被完全排

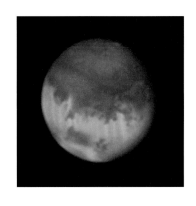

↑ 火星

使用小型望远镜可以清楚地看到火星极盖随着季节而有盈亏。暗区有时会被尘暴遮掩，沙尘暴开始的时候面积很小，但可以席卷整颗行星。

除，而业余天文学家在此就能发挥作用了。因为有太多的潜在威胁小行星，而专业的天文学家却相当紧缺，无法将它们全部跟踪。

木星

木星和土星是太阳系家族中的巨人，对业余观察者来说，它们有特别的吸引力。木星和它的云带、斑点以及伽利略卫星一直在变化。土星的光环让土星毫无疑问地被认为是天空中最美丽的天体。

木星大到可以装下超过1000个地球，它看起来像一个黄色的、平坦的盘，其间有云带穿过。木星通常有两条主云带，分别位于赤道两侧，其他云带则在更高的纬度。木星有一个气态表面，自转方式与岩质行星不同。在系统Ⅰ（在南赤道带的北端和北赤道带的南端之间的区域）中，自转周期是9小时51分钟，而这颗行星的其他部分（系统Ⅱ中），自转周期要长5分钟。像斑点那样的个别特征有各自的周期，所以它们会在不同的经度之间移动。

木星的斑点会变得更加明显，但是通常只能持续有限的时间。大红斑是一个例外，从17世纪以来人类就一直能看到它。它呈现砖红色，长度达到30000千米。它会消失一段时间，然后总是会再次出现。还有一些明显的白斑，但它们的存在总是暂时性的。2006年，人们看到了一个较小的红斑。

木星自转很快，所以在画图的时候一点都不能磨蹭。主要的内容应该在10分钟之内画完，然后以最快的速度加上更完善的细节。分立特征的自转周期可以通过观测来确定。记录下这个特征穿过中央子午线的时刻，接着用表格算出经度。这并不困难，因

➔ **木星**

这颗行星的褐色赤道带清晰可见。

为这颗行星的盘面非常扁平，所以很容易找到中央子午线。通过练习，测量精度可以达到1'（1°的1/60）以内。这样的工作曾经很有价值，但我们不得不承认随着成像技术的不断提高，现在已不再是这样。但是木星仍然魅力十足，除了表面细节外，还要注意伽利略卫星的凌、掩和食。

画木星时，最好使用准备好的空白纸。注意寻找任何不寻常的东西。1994年，苏梅克-列维9号彗星的碎片坠向木星，导致木星出现了持续数月的伤痕。当它们最初形成时，使用任何小型望远镜都能够看到它们。

土星及以外的天体

土星环能够提供无穷的快乐。将天文爱好者使用15英寸望远镜拍摄的图像与哈勃太空望远镜的图像进行比较是很有趣的事情，你必须仔细看才能分辨出来哪张是专业的，哪张是业余的。土星的盘面上偶尔会出现白斑。一个是由威尔·海伊（Will Hay）在1933年发现的，他是一个喜剧演员。另一个一样的斑点是在1990年由一位美国天文爱好者斯图尔特·威尔伯（Stuart Wilber）发现的。土星没有木星那么活跃，但时不时也能给我们带来惊喜。

拍摄外层巨行星天王星和海王星很容易，虽然我们肯定看不到表面的细节。另外还有柯伊伯带的天体，其中冥王星是最亮的，但却不是最大的。拍摄这些天体对于帮助追踪它们确实非常有用。

最后，让我们看看太阳系家族中最不规则的成员——彗星和流星。使用一般的望远镜就能经常看到各种彗星，但真正壮观的访客，比如百武彗星和海耳-波普彗星，却极其罕见。有些

◄ 土星坏

在小型望远镜中，土星美丽的环并不是一直可见的。这张照片是由9000张照片合成的。

帕特里克在 1997 年拍摄，这颗可爱的彗星要经过 2360 年才会回归。注意彗星与帕特里克家的烟囱距离很近。

彗星看起来就像是微小的发光药棉片，如果想确定它们的位置，那么就需要详细的星图以及配备了精确定位度盘的望远镜。当然，观测真正壮观的彗星，比如海耳-波普彗星，使用双筒望远镜就能看得很清楚。

虽然流星经常能够被我们观测到，但是一年一度的流星雨看起来仍会很有趣。使用普通相机就能拍出好照片。8月的英仙座流星雨一直都是很稳定的。大约在 8 月 9 日至 18 日之间，找一个晴朗的夜晚，用几分钟的时间，你就能看到几颗英仙座流星。如果看不到，那你真是太不走运了。

北半球的恒星

现在我们来看看恒星。我们没有足够的篇幅给出星座的完整介绍，因此我们会给出一些图表，希望能够帮助新手们找到门路。对于北半球的观察者来说，有三个主要的星群——大熊座、猎户座和飞马座，所以让我们从这里开始。

从伦敦或者纽约所处的纬度看去，大熊座是拱极星座——这就是说，它永远都不会落下，所以只要夜晚天空足够黑暗和晴朗，无论在哪里都能看见它。其中的 7 颗恒星组成了看起来像是犁的图案，而它在北美则被叫作大勺。因为这 7 颗恒星非常有用，星图1标注了这些恒星的名字：摇光、开阳、玉衡、天权、天玑、天璇和天枢。它们的星等在1.7～2.4之间，只有天权例外，它相当暗。天璇和天枢是著名的指极星，因为它们用来指向小熊座的北极星。北极星同北天极的距离在1°以内，所以看起来在天空中保持静止。小熊座中只有另外一颗还算亮的恒星，就是橙色的北极二（星等2.1）。

在北极星的另一端，与大熊座遥相呼应的是仙后座，它的5颗主要的恒星形成了一个W形（星等在2～3之间）。像大熊座一样，仙后座也是拱极星座。当大熊座高悬于天空中时，仙后座则在低空中，反过来也是如此。根据大熊座可以找到天琴座中明亮的蓝白色的织女星（星等0.1）以及天鹅座中的天津四（星等1.3）。从英国和美国北部所处的纬度看去，这两个都是拱极星座，尽管当它们位于最低点时几乎擦过地平线。

星图1中剩下的恒星不是拱极星座。大熊座的尾巴指向牧夫座橙色的大角（星等-0.06），然后再指向室女座的角宿一（星等1.1）。通过天权和天璇可以找到双子座的北河二（星等1.5）和北河三（星等1.2），两颗中较明亮的北河三是橙色的，而北河二是一颗白色双星。同样可以看到由轩辕十四（星等1.4）率领的狮子座，而从轩辕十四延伸出去就是被称作狮子座镰刀的弯曲恒星连线。

◄ 黄道光

1971年，布莱恩在特内里费的傍晚时分拍摄了双子座的黄道光，他使用的是架在三脚架上的宾得35毫米胶片相机。由于地球在相机曝光的几分钟内自转，故而这些恒星在图像中留下了光的轨迹。黄道光是在傍晚或清晨时可见的光锥，它被认为是由于太阳附近轨道上的尘埃反射太阳光而形成的。布莱恩的博士论文研究的就是这些尘埃的运动。

星图2展示的是天上的猎人猎户座以及它明亮的随从。猎户座统治了北半球冬夜（和南半球夏夜）的星空，不可能被认错。主星是参宿七（星等0.2）和参宿四（亮度在星等0.3～0.8之间变化）。参宿七闪烁着白光，而参宿四是一颗橙红色的超巨星。猎户座的其他主星亮度稍低。参宿一、参宿二和参宿三组成了腰带，南边紧挨着它们的是肉眼可见的模糊形状，这就是猎户的"剑"，其中包含了著名的猎户座星云。"腰带"向南指向大犬座中的天狼星（星等-1.4），它是纯白色的，但是当它落下的时候，看起来会闪耀着彩虹般的颜色。猎户座腰带向北指向金牛座中橙色的毕宿五（星等0.9），也能看到昴星团（也就是七姐妹星）——这个壮丽的疏散星团。毕宿五被称作金牛的眼睛，

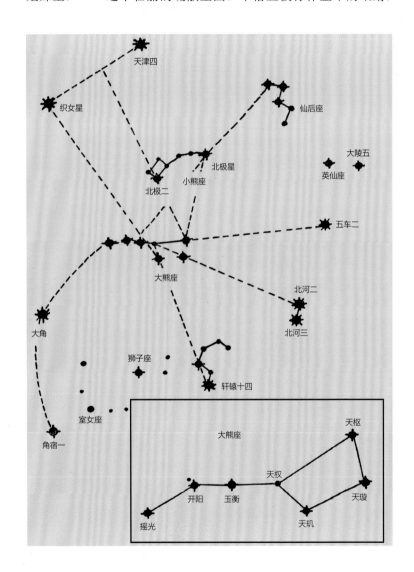

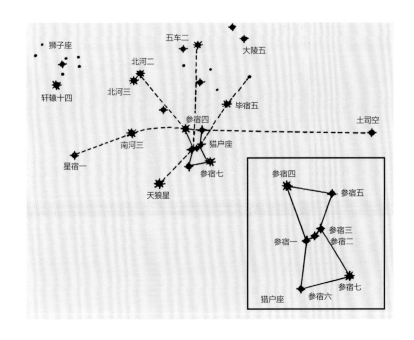

看起来和毕宿四的颜色一样，但远没有那么明亮，不及太阳亮度的1/140。从毕宿五延伸出去，在一个V形里的是毕星团的恒星，但是毕宿五不是毕星团的成员。它距离我们只有65光年，恰好在我们和毕星团之间。

星图3展示了我们通常所说的夏夜大三角（这不是一个正式的名字，而是由于帕特里克在1960年前后的一个电视广播节目中经常使用而流行起来）。它包括了天琴座的织女星、天鹅座的天津四和天鹰座的牛郎星（星等0.8），每一个边都和较暗的恒星相连。下面就是指向银河系中心方向上的、有壮丽恒星云的人马座。

星图4展示了飞马座，它的4颗主星组成了一个四边形，其中包括室宿一（星等2.5）、壁宿一（星等2.9）、室宿二（星等在2.4～2.9之间）和壁宿一（星等2.1）。出于未知的原因，壁宿一被划到了附近的仙女座，同奎宿九（星等0.1）以及天大将军一（星等0.1）在一起。这里我们看到了巨大的旋涡星系M31。它肉眼可见，使用双筒望远镜也很容易看到它，尽管它看起来只是一块模糊的斑点。这张星图同时显示了南鱼座的北落师门（星等1.2），从北半球高纬度地区看去，它一直都是低沉在天空中的。双鱼座和宝瓶座都是暗淡的黄道星座。白羊座有一颗明亮的恒星——娄宿三（星等2.0）。

→ **星图3**

夏夜大三角和附近的星座。

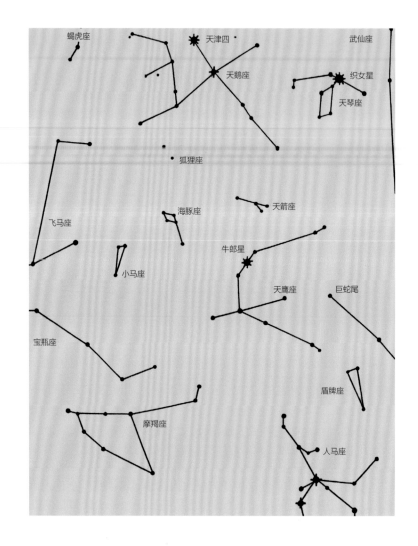

巡天

接下来让我们在每个季节的夜晚降临之后巡视天空。

冬季：让我们说一下1月中旬晚上10点的星空。大熊座在东南方，仙后座在西南方，五车二几乎是在头顶上，织女星在北天非常低的位置。飞马座在西方，猎户座在南天的高处，天狼星很显眼，狮子座正在东方升起。

春季：4月中旬晚上10点。大熊座在头顶上，五车二在西方落下，而织女星在东边升起。仙后座在北方。猎户座几乎消失了，但是天狼星还看得见。大角在东边很显眼，同时狮子座和室女座高悬于南方的星空中。

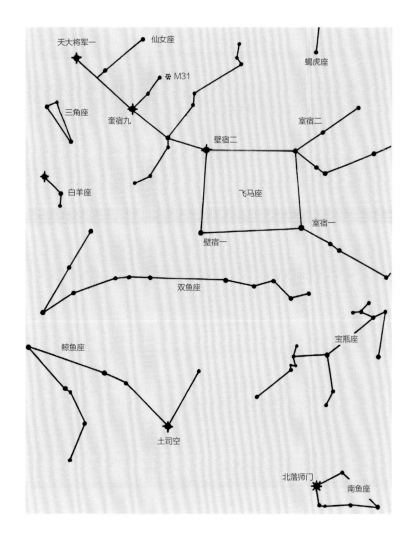

夏季：7月中旬晚上10点。大熊座在西北方，仙后座在东北方，织女星几乎在头顶上，五车二靠近北边的地平线。夏夜大三角在南方星空中非常显眼。大角在西边相当高的位置，室女座正在落下。人马座在南边很低的位置。南边的大部分星空都被大而暗淡的星座所占据，包括武仙座、蛇夫座和巨蛇座，其中只有一颗明亮的恒星，即蛇夫座中的候（星等2.0）。

秋季：10月中旬晚上10点。大熊座正位于它在北边最低的位置，仙后座在头顶上。飞马座在南边的高处，北落师门在南边的低处，夏夜大三角仍然非常明显。毕宿五和昴星团已经升起，猎户座会紧随其后。伴随着严寒和冰雪的冬季即将到来。

➜ **星图 5**

南半球主要星座。

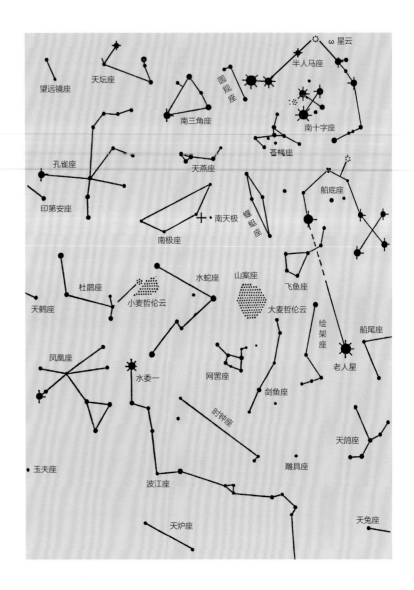

南半球的恒星

现在让我们去南半球，比如南非或者澳大利亚。记住，你不是必须穿越赤道才能看见南十字座，在北纬35°以南的任何地方都能看到它升起。

南十字座是最著名的南半球星座，在星图5中可以看到。它的4颗主星分别是十字架二（星等0.8）、十字架三（星等1.3）、十字架一（星等1.6）和十字架四（星等3.1）。事实上，南十字座更像是一个风筝，而非一个十字架。它并不像北半球天空中的天鹅座那样特别像一个十字。相比之下，南十字座更亮也更小——

令人惊讶的是，它是88个公认星座中最小的一个。它几乎被半人马座所环绕。南门二（半人马座α，星等-0.3）和马腹一（半人马座β，星等0.6）指向它。但这两个南天指极星并不相连：半人马座α星距离我们4.4光年，是最近的恒星；而马腹一距离我们有530光年，亮度是太阳的13000倍。我们可以在半人马座中寻找球状星团——半人马座Ω星团，那是一个用肉眼就很容易看到的天体。

可惜的是，南天极并没有被什么明亮的恒星标记出来。我们只能用南极星来将就一下，但它比五等星还暗，还会被大气中的雾霭淹没。南天极位于南十字座和波江座的水委一（星等0.5）之间。同样，在这张星图上有老人星（星等-0.7），它是天空中除了天狼星之外最明亮的恒星。它是一颗超巨星，位于猎户座的南边。在埃及的亚历山大能看到它，但是在另一个古代天文学的伟大中心——雅典则看不到。

接下来，让我们穿越季节来对南半球的天空进行一番巡视。

夏季：在1月中旬的夜晚进行观察。猎户座位于北边天空的高处，天狼星看得非常清楚，老人星几乎在头顶，南十字座和南天指极星都位于东南方。五车二在北边很低的位置。

秋季：4月中旬的夜晚。南十字座和半人马座很高，老人星逐渐在西边落下，人马座在东南方升起。大角在东北方，但是水委一在南边很低的位置。

冬季：7月中旬的夜晚。天蝎座和人马座几乎在头顶上，而且星团光辉灿烂。南十字座和半人马座在西南方落下，水委一在东南方升起。织女星在北边相当低的位置也能看到。北落师门在东南方很显眼。

春季：9月中旬的夜晚。南十字座和老人星在南边很低的位置。在北边可以看见飞马座，北半球的夏夜大三角在这里也许最好称作冬夜大三角。北落师门几乎就在头顶上。

最后，无论如何也不要忘记去看一下在南天极区域的两个麦哲伦云。用肉眼观察，它们很像是银河的独立部分，但实际上它们是伴星系，距离我们超过169000光年。它们包含所有类型的天体：巨星、矮星、星团、星云和新星。在那里，我们已经观测到两颗超新星，一次在1885年，一次在1987年。北半球的观察者一直很遗憾它们位于很靠南的天空中。我们意识到，这样的星空漫步是很不完整的，但它仅是一个开始。星空永远都不会让你感到无聊。

拉帕尔马岛

位于西班牙加那利群岛中的拉帕尔马岛上的穆察克斯天文台（Muchachos Observatory）的全景。

人物小传

威廉·海因里希·沃尔特·巴德
（Wilhelm Heinrich Walter Baade，1893—1960）

▲ 威廉·巴德

　　威廉·巴德出生在德国施洛廷豪森，先后在明斯特和哥廷根大学学习，并于1919年从哥廷根大学毕业。在汉堡度过一段时间后，他于1931年前往美国，成为加利福尼亚州帕萨迪纳附近的威尔逊山天文台的一员。尽管巴德的主要研究兴趣是天体物理学，但他也关注太阳系，并且发现了10颗小行星，其中包括伊卡洛斯小行星，这是人类发现的第一颗轨道比水星更靠近太阳的小行星。

　　在第二次世界大战期间，北美进行灯火管制，威尔逊山的夜晚尤其黑暗。巴德充分利用这样的暗夜，使用口径100英寸的胡克反射式望远镜去研究仙女座星系中央的孤立恒星。令他感到惊讶的是，他发现旋涡星系核心处最明亮的恒星并不是预期的蓝白色的恒星，而是年老的红巨星。由此巴德得出结论，存在他所谓的"星族"。星族Ⅰ主要由年轻炽热的恒星组成，而在星族Ⅱ中最明亮的恒星就是红巨星。旋臂主要由星族Ⅰ的恒星组成，而星系的中心主要是星族Ⅱ的恒星。

　　战争结束时，巴德到帕洛玛天文台工作，他利用当时新建成的海耳反射式望远镜研究暗淡的变星。最终，他发现有两种类型的造父变星，星族Ⅰ的造父变星的亮度是星族Ⅱ造父变星的2倍。在测量星系的距离时，哈勃和哈马森使用了"错误的造父变星"，所以星系之间的距离是他们所认为的2倍。仙女座星系距离我们290万光年，而不是75万光年，其误差超过了100%。

　　巴德有一个同事叫弗里茨·兹威基（Fritz Zwicky），二人的关系并不是很融洽。巴德是官方意义上的"敌国侨民"（尽管没有政府官员在意这个事情），但兹威基却指责他是"纳粹"，甚至威胁道如果巴德一个人进入大学校园，就要杀了他。巴德把这个威胁当真了，特别是兹威基的长相经常被描述为"很有威胁性"。

　　巴德在帕洛玛天文台待到了1958年，后来返回德国，成为哥廷根大学的教授，两年后去世。巴德是一个快乐、友善的人，人们将会永远铭记，他是那个在一篇简短且优美的研究论文中冷静地将宇宙大小扩大了一倍的人。

◄ **大型旋涡星系**
　（NGC 1232）

像这样的由欧洲南方天文台甚大望远镜拍摄的遥远星系的壮丽图像现在已经十分常见，但是如果没有几代才华横溢的天文学家奠定的基础，获得这样的图像将是不可能的。

▲ 钱德拉的 X 射线宇宙

美国国家航空航天局的钱德拉 X 射线天文台以钱德拉塞卡的名字命名，它拍摄了这张碰撞的触须星系的图像。

苏布拉马尼扬·钱德拉塞卡
（Subramanyan Chandrasekhar，1910—1995）

通常被简称为钱德拉的钱德拉塞卡，可能是印度最伟大的天体物理学家。他的名字因为"钱德拉塞卡极限"而不朽。这个极限指的是一颗白矮星能够获得的最大质量——任何质量超过这个极限的天体将以中子星或者黑洞的形式结束自己的生命。根据流传的说法，他是在从印度到英国的船上完成了这个他一生中最伟大的发现。当时，他在印度马德拉斯获得了第一个学位，前往剑桥大学继续学习。也许，更多的天体物理学家应该被安排进行长距离的海上旅行……

他最初的理论遭到了很多一流天文学家的猛烈批评，他们嘲笑一颗恒星最终可以跨越白矮星阶段然后成为一个具有如此巨大密度的天体的观点，用钱德拉塞卡自己的话说就是"人们只剩下考虑其他的可能性"。他的主要反对者是当时最杰出的天体物理学家阿瑟·爱丁顿爵士。声名显赫的教授和年轻的学生之间的争论变得非常激烈，并且被载入史册。在一封家书中，钱德拉塞卡这样写道："具有政治性质的差异。偏见！偏见！爱丁顿很自大。看看他的傲慢无礼：'不到万不得已的地步，我们不会相信你的理论。我不是从恒星的角度而是从自然的角度看待这个问题'……'自然'的意思就是'爱丁顿是个天使'。面对这样厚颜无耻的妄自尊大，还能说什么呢？"令人惊讶的是，即便有这样的争吵，钱德拉塞卡和爱丁顿也依然试着保持友好的关系。

钱德拉后来成为芝加哥大学荣誉退休教授。在芝加哥大学工作期间，他有一次驾车往返200英里去为学生授课，但是到了教室，却发现因为一场严重的暴风雪，只有两个学生在等着上课——那两个学生是李政道和杨振宁。他们在1957年获得了诺贝尔物理学奖，甚至比钱德拉塞卡获奖还要早。

1999年7月23日，美国国家航空航天局发射了一台X射线卫星，先是被称作先进X射线天体物理学设备（Advanced X-Ray Astrophysics Facility，AXAF），后来更名为钱德拉（Chandra）。钱德拉在梵语中是"光明"的意思。钱德拉X射线天文台一投入使用就成果丰硕，到2004年还在轨道上工作❶。

▲ 爱丁顿的日食底片

1919年日食远征报告中的底片，证实了爱因斯坦的预言，即光线会在太阳附近发生弯曲。

---

❶ 钱德拉X射线天文台设计寿命为5年。但直到2022年2月，它仍在轨道上工作，服役已经超过22年。

阿瑟·斯坦利·爱丁顿
（Arthur Stanley Eddington，1882—1944）

阿瑟·爱丁顿是20世纪重要的天体物理学家之一，在很早的时候就展露出天赋。毕业之后，他于1906—1913年担任格林尼治皇家天文台台长助理，随后成为剑桥大学教授。1919年，爱丁顿参与了一项著名的实验。爱因斯坦预测，当星光从一个像太阳这样的大质量天体旁边经过时，光线会发生偏折，而偏折的角度将是牛顿理论预测的大小的两倍。只有在日全食期间，恒星和太阳才能在地球上被同时看到。1919年，爱丁顿前往非洲西海岸的普林西比岛，那里可以看见日食，他要在日食期间观测恒星。据说探险队的领队之一问皇家天文学家，如果期待中的偏折没有出现，会发生什么。回答是："如果是那样，爱丁顿会疯掉。你就得独自回来了。"

虽然条件相当恶劣，但偏折还是被观测到了，正如爱因斯坦预言的那样。尽管不可否认的是，其中夹杂着运气的成分。爱丁顿凯旋了，唱诗般地宣布了他的结果："光在靠近太阳的时候不走直线。"

顺便说一下，作为一名贵格会教徒和和平主义者，爱丁顿在第一次世界大战期间拒绝服役，不过也凭借科学成就而被豁免。1919年，一名英国科学家确认了一个德国人做出的预言，这个影响是巨大的。从那时起，爱因斯坦和爱丁顿都获得了超级明星般的地位。科学界对这个受到云层影响的结果印象其实没那么深刻，真正被认可的是1922年的那次日全食的观测结果。

爱丁顿对恒星天文学做出的贡献，无论评价多高都不为过。他在1926年出版的《恒星内部结构》（*The Internal Constitution of Stars*）时至今日仍是经典。他还是相对论的重要支持者之一。曾经有人对爱丁顿说，只有包括他在内的三个人真正懂得相对论。爱丁顿略思片刻，说："有意思。（除了爱因斯坦和我之外的）第三个人是谁？"

爱丁顿是一位才华横溢的科普作家，还是一位早期谈论天文学话题的电台播音员。他也犯过错误，同事对他的一些批评——说得委婉些——十分激烈。但是，他作为现代理论天体物理学的主要奠基者之一将会被永远铭记。

→ 海耳 200 英寸望远镜

以银河为背景拍摄了这台位于加利福尼亚州帕洛玛山的望远镜。

阿尔伯特·爱因斯坦
（Albert Einstein，1879—1955）

没有人会质疑爱因斯坦是自牛顿以后最伟大的科学家，但他的早期生涯一点儿也不乐观。他在慕尼黑开始求学，在此后几年里，他参加了各种各样的学术考试，大部分都考砸了。1901年，他在一所学校担任代课教师，并且写道："我已经放弃了去大学工作的雄心。"1902年，他开始在位于波恩的瑞士专利局工作，并一直工作到1909年。1896年，他放弃了德国国籍，于1901年成为一名瑞士公民。

1905年，当爱因斯坦还在专利局工作的时候，他写了3篇里程碑式的论文，其中任何一篇都足以获得一次诺贝尔奖——尽管事实上他直到1921年才获奖。第一篇论文说明了光是以"波包"或者"量子"为单位发射的，而不是连续发射的，这有助于奠定量子力学的基础。第二篇提出了我们今天所称的狭义相对论，建立了质量和能量之间不可分割的联系。第三篇论文处理了统计力学的问题。

爱因斯坦靠其中任何一篇论文都足以尽情享受退休的生活，但他那时却才刚刚开始传奇的科学人生。1908年，他成为伯尔尼大学的一名讲师。1909年，他从专利局辞职，成为苏黎世大学的物理学教授。1914年，爱因斯坦回到德国，获得了重要的学术职

↓ 爱因斯坦十字

来自背景类星体的光线在一个前景星系附近发生弯曲，形成了类星体的四个图像。

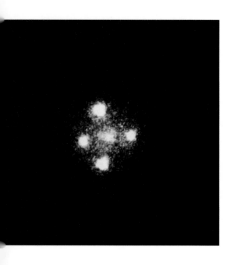

位，但仍然保留着瑞士国籍。1915年，他发表了广义相对论。

现在，爱因斯坦已经世人皆知。1919年，他根据相对论作出的预测之一——光线在通过大质量物体附近时会发生弯曲——被以阿瑟·爱丁顿作为主要研究人员的英国日食探险队所证实。

在此后科学生涯的大部分时间里，爱因斯坦都在反对量子物理。这个理论从根本上是建立在概率基础上的，而爱因斯坦的回答简单而直接："上帝不掷骰子。"

爱因斯坦于1921年第一次去美国，随后又多次去过美国。1933年，当纳粹在德国掌权的时候，爱因斯坦作为一个犹太人，很明智地没有再回到德国，而是在美国度过了余生。他在1940年成为一名美国公民。1952年，他接到了担任以色列首任总统的邀请，但是他拒绝了。

爱因斯坦毕生致力于世界和平。帕特里克·摩尔在1939年和他会面的时候，发现爱因斯坦为和平所做出的努力和大家所说的一样。就在去世前一周，也就是1955年4月18日，爱因斯坦还给哲学家伯特兰·罗素（Bertrand Russell）写信，同意在一封呼吁世界各国放弃核武器的宣言上署名。

除此之外，爱因斯坦还是一名出色的小提琴手。有一个故事说，爱因斯坦曾经和一位专业的小提琴手合奏一曲，但是有个失误。这位专业的小提琴手同情地看着爱因斯坦说："阿尔伯特，你的问题就是你不会数数！"

乔治·埃勒里·海耳
（George Ellery Hale，1868—1938）

乔治·海耳出生在美国芝加哥，很早就展露出对天文学的浓厚兴趣。他的父母非常富有，能够给他提供一个装备齐全的私人天文台。他主要关注太阳，第一个认识到了太阳黑子本质上是磁现象，原因是太阳表面下的磁力线冲破表面时明亮的太阳表面会发生冷却。但是过了不久，他就把注意力转向了恒星，这就意味着要使用截然不同的方法。对于太阳来说，有足够的太阳光可供研究；但是对于恒星来说，就要尽可能地收集可用的光线。

海耳最常呼吁的就是"更多的光",而为了获得更多的光,他就需要越来越大的望远镜。在制订完要获得所需设备的计划后,他又用令人惊讶的技巧来说服友善的百万富翁去资助他的计划。有时,他的方法是非常规的。一次,他和一位有可能帮助他的百万富翁参加同一个宴会,但不在同一桌上。他大步走进宴会厅并调换了座签,坐到了这位百万富翁的旁边。等到上芝士和饼干的时候,这位百万富翁就已经同意资助他一台巨型望远镜了。

海耳推动了4台大型设备的建造:位于威斯康星的叶凯士天文台的口径40英寸的折射式望远镜(它仍然是世界上最大的折射式望远镜,并可能继续保持这个纪录),建成于1897年;威尔逊山口径60英寸的反射式望远镜,在1908年投入使用;威尔逊山口径100英寸的望远镜,建成于1917年,这两台望远镜都位于加利福尼亚州的帕萨迪纳附近;以及位于加利福尼亚州的帕洛玛山的口径200英寸的望远镜,它在1948年看到了"初光"。

可悲的是,海耳并没有活着看到最后一台望远镜的建成。在很多年里,这台现在被称作海耳望远镜的口径200英寸的望远镜都是独一无二的,并且几乎立刻就展现了强大的聚光能力。威廉·巴德使用这台望远镜研究河外星系中遥远的造父变星,证明了这些星系同我们的距离是曾经认为的2倍。

时代已经变了,现在大部分新的天文台都是政府之间的合作和国际条约的结果,而非一顿美妙的晚宴所促成的。但是如果没有海耳,对宇宙的本质和演化的研究将会进展得缓慢得多。

▼ 弗雷德·霍伊尔

弗雷德·霍伊尔爵士(左)和帕特里克·摩尔(右),摄于1982年。

弗雷德·霍伊尔

(Fred Hoyle,1915—2001)

弗雷德·霍伊尔,在受洗的时候被起名弗雷德,而不是弗雷德里克或者阿尔弗雷德。他是现代最有影响力,也最富争议的天文学家之一。当大多数人都对时,他有可能是错的——但当几乎所有人都错了的时候,他有可能是对的!

霍伊尔出生在英国约克郡的宾利,是一个羊毛商人的儿子。他在当地的文法学校读书,并且获得了一笔奖学金,后去剑桥大学伊曼纽尔学院攻读数学专业。他转向天体物理学研究很大程度上是因为他和雷蒙德·利特顿(Raymond Lyttleton)的合作,二人一起撰写了关于吸积和恒星演化的论文。

在第二次世界大战期间，霍伊尔和赫尔曼·邦迪（Hermann Bondi）以及托马斯·戈尔德（Thomas Gold）一起研究雷达。工作之余，他们就在一起讨论天文学。1948年，邦迪和戈尔德提出了稳态宇宙的模型，霍伊尔立刻就成了支持者和合作者。他从未放弃自己的信念，即便是人们已经证明，最初的连续创生的观点是站不住脚的。

从1945年开始，霍伊尔就在剑桥大学工作，1958年，他成为普拉闵天文学教授❶。霍伊尔在剑桥大学完成了他最出色的工作，而在一些年里，他通常被认为是世界上最顶尖的天体物理学家。我们现在所知道的大部分关于恒星演化和结构的内容都要归功于他。毫无疑问，他应该和他的合作者阿尔弗雷德·福勒（Alfred Fowler）共享1983年的诺贝尔奖，他毫不掩饰对被忽视的愤怒之情。

在他积极奔走、多方筹措资金的努力下，剑桥大学理论天文学中心在1966年建成。这个中心很快就获得了世界级的声誉。霍伊尔习惯于吸引访问学者来工作一两个夏天，同时许诺他们可以免费复印资料。中心的大楼现在以他的名字命名。但遗憾的是，他和同事的关系并不总是那么融洽。他于1972年突然离开剑桥大学，退隐到他位于湖区的家。他待在那里，直到最终搬到了位于英格兰南海岸的伯恩茅斯的宁静环境中。他写了很多书，有小说以及对泛种论和古生物学的讨论等。必须要说的是，这些书并非都有益于他的声誉，他在其中一本里声称著名的始祖鸟化石是一个骗局，此事还是不提为好。

作为一名播音员，他非常出色。他在英国广播公司主持的系列节目《宇宙的本质》（*The Nature of the Universe*）获得了巨大的声望。但是，这个节目极具争议，以至于一个包含了皇家天文学家和坎特伯雷大主教的特别委员会都被召集起来，来决定它是否应该继续播出。1957年，他创作了经典的科幻小说《黑云压境》（*The Black Cloud*），此后又有《仙女座》（*A for Andromeda*）等作品，后者还被改编成了一部成功的电视剧。

---

❶ 1704年，剑桥大学设立普拉闵天文学教席（Plumian Professor of Astronomy）。在剑桥大学，有一系列这样的荣誉职位，最著名的是牛顿、狄拉克和霍金都担任过的设立于1669年的卢卡斯数学教席（Lucas Professor of Mathematics）。

霍伊尔于2001年逝世于伯恩茅斯，被世界各地的朋友和同事悼念。即便是那些不同意他某些观点的人，也绝不会质疑他的才华、创意和正直。

埃德温·鲍威尔·哈勃
（Edwin Powell Hubble，1889—1953）

埃德温·哈勃被广泛认为是有史以来最伟大的美国天文学家。他出生在美国密苏里州的马什菲尔德。在校期间，他是一个出类拔萃的学生，不仅学业成绩优异，而且运动天赋突出，是一个有经验的业余拳击手和棒球运动员。他学习法律，获得了罗德奖学金，前往牛津大学学习。他很享受那段在牛津的时光，说话总是带着"牛津口音"。当美国参加第一次世界大战的时候，哈勃应征入伍，还晋升到少校军衔。令他相当失望的是，他并没有加入现役，但他此后还是很乐于被叫作哈勃少校。

哈勃决定不再继续学习法律，声称他宁可做一个三流的天文学家，也不愿意做一名一流的律师。毕业之后，他能够使用威尔逊山上的口径100英寸的胡克望远镜。他在一些旋涡星系中寻找造父变星，并且成功找到了它们，确定了它们的周期进而得到了它们同我们的距离。结果无可置疑地表明，它们非常遥远，不可能是银河系中的成员，而只能属于河外系统。通过仙女座星系中的造父变星，哈勃计算出仙女座星系同我们的距离是90万光年，后来又减为75万光年。这是一个明显偏低的估计值——造父标尺有错，而这直到20世纪50年代才被威廉·巴德在工作中发现——但是已经迈出了关键的一步。

在亚利桑那州的洛威尔天文台，维斯托·斯里弗（Vesto Slipher）已经发现：除了一些我们附近的星系（现在被称作本星系群），其他所有星系都在远离我们。哈勃发现距离与退行速度相关：距离越远，速度越大，这个速度可以利用光谱学方法用多普勒效应测量出来。整个宇宙都在膨胀。在整个工作期间，哈勃都得到了米尔顿·哈马森（Milton Humason）的有力协助。哈马森最初只是通往威尔逊山天文台路上的赶骡人，但最后却成为世界上最杰出、最受尊敬的天文学家之一。

哈马森于1972年去世，而哈勃于1953年去世，正好是在那个时候，最先进的帕洛玛反射式望远镜表明，星系距离的早期研究结果需要被修正。哈勃直到去世前都一直很活跃。今天，我们提到的哈勃常数，把星系的退行速度和距离联系在了一起，目前测定的值大约是69（千米/秒）/百万秒差距。当然，第一台大型太空望远镜的命名也是为了向他致敬。

杰拉德·柯伊伯
（Gerard Kuiper，1905—1973）

　　杰拉德·柯伊伯出生在荷兰，在北美度过了职业生涯的大部分时间，并在1933年成为美国公民。他在荷兰接受教育，后来移民到美国。1947—1949年，他担任威斯康星州叶凯士天文台台长，并在1957—1960年再次担任了这一职务。1960年，他成为位于亚利桑那州图森的月球与行星实验室的首任主任，一直工作到1973年去世。

　　柯伊伯主要研究太阳系。他发现了海王星的第二颗卫星海卫二（Nereid）。1944年，他证明了土星最大的卫星土卫六拥有稠密的大气。他的名字与海王星轨道外由小型天体组成的柯伊伯带联

➤ 莫纳克亚山顶

柯伊伯意识到，莫纳克亚山顶海拔超过4300米，将为天文学研究提供清澈干燥的大气。图中间是昴星团望远镜，右边是两台凯克望远镜的圆顶。

系在了一起。冥王星是第一个被发现的柯伊伯带天体，但是现在记录在案的已经超过1000个❶。

虽然柯伊伯取得了成功，但他清楚地认识到，地球表面的视宁度有很多方面还是不尽如人意，最好的结果是从高海拔的地方——事实上就是山顶——获得的。在夏威夷的莫纳克亚山工作的时候，他注意到无论何时云层密布，他都能看到莫纳克亚山的山顶矗立在云层之上。这座位于大岛上的休眠火山山顶海拔高度为4300米。在那里，肺部吸入的氧气量只有正常量的39%。这是很危险的，不同的人有不同的反应，有些人完全不能忍受这样的状况。此外，在这样的高海拔地区工作并不容易。一个人的思维过程会明显减慢。

没有通往莫纳克亚山顶的路，整个地区都是不毛之地。尽管如此，柯伊伯还是很渴望在那里建一座天文台。最开始，几乎没有人支持他，但最终他如愿以偿。现在，这座火山的山顶布满了望远镜，包括凯克反射式望远镜、英国红外望远镜（UKIRT）和詹姆斯·克拉克·麦克斯韦微波望远镜（JCMT）。一般而言，那里的视宁度非常好。柯伊伯完全正确。

柯伊伯是早期行星太空任务的主要支持者之一，他参与了航天器轨道的规划。他在有生之年看到了人类登月。但不幸的是，在主要的行星计划开始实施之前，他就去世了。

莫纳克亚山是一个迷人的地方，位于其姊妹山莫纳罗亚山和附近的基拉韦厄山的视野内，二者均是世界上极为活跃的火山。有一次，从莫纳罗亚山喷出的岩浆到了希洛镇的郊区，直到最后时刻才停了下来。莫纳克亚山是一座休眠火山。至少我们希望是这样，火山喷发不会给这些大型天文台带来任何好处。

伯纳德·洛弗尔
（Bernard Lovell，1913—2012）

伯纳德·洛弗尔出生在英国格罗斯特郡，从未使用过他的两个教名：阿尔弗雷德和查尔斯。从布里斯托大学毕业后，他开始

↓ 伯纳德·洛弗尔

1968年，伯纳德·洛弗尔爵士接受帕特里克·摩尔的采访。

---

❶ 截至2018年12月，科学家发现的柯伊伯带天体已经超过2000个。

了物理学家的职业生涯。他在曼彻斯特大学成为一名宇宙线研究的专家。但是，当1939年战争爆发时，他参与到空军的工作中，并在利用雷达进行探测和导航方面做出了非常重要的贡献。在战争结束的时候，这项工作被应用到天文学研究中，洛弗尔获得了一套陆军以前的移动雷达装置用于宇宙线研究。但是城市里的电车干扰使得他把设备搬到了周围都是郊区的焦德雷尔班克。最初，卖地的两个农场主之间发生了纠纷。还有一次，科学家发现他们面对的是一头脾气暴躁的公牛。

洛弗尔把注意力转向用雷达探测流星尾迹，而这带来了更大的成功。1951年，他被任命为曼彻斯特大学的射电大文学教授。他设计了一台易操纵的大型射电望远镜，在经过很多试验和磨难之后，终于成功地建成了这台望远镜。不可避免地，这台望远镜的成本比最初提出的要高得多。洛弗尔为此承担了风险，有一个阶段甚至有人认为洛弗尔应该被判刑。有一回，在危机最严重的时刻，他被传唤去会见一些非常重要的政府官员，但当时他却正在忙着打板球，还取得了好成绩。他是一位优秀的板球手。

苏联第一颗人造卫星斯普特尼克1号的发射拯救了这次财政危机。在苏联之外，只有这架新建成的口径250英尺的焦德雷尔班克望远镜能够追踪这颗人造地球卫星。差不多在一夜之间，洛弗尔就从一个不计后果的挥霍者变成了国家英雄。尽管这只是这台射电望远镜的工作中很小的一部分，但它有时仍会被用于追踪卫星。2005年年初，当欧洲空间局的惠更斯号探测器在土卫六上降落的时候，它还探测到了探测器发出的信号。

焦德雷尔班克望远镜标志着现代射电天文学的开端。在它建成30周年的时候，被重新命名为"洛弗尔望远镜"是实至名归的。题字"1956—1986"被喷涂在望远镜上——伯纳德爵士事先并不知情，在揭幕仪式开始前，他都没看到望远镜的样子。（本书作者之一帕特里克·摩尔也积极参与了这项"密谋"！）

尽管这台口径250英尺的望远镜已经不再是世界上最大的射电望远镜，但是它的影响力却是史无前例的。没有洛弗尔的决心和能力，它就不可能被建成。称洛弗尔为"射电天文学里的牛顿"是恰如其分的。

马丁·里斯
（Martin Rees，1942— ）

马丁·里斯成长于英国什罗普郡，毕业于剑桥大学并在那里度过了几乎整个职业生涯。他一直站在黑洞本质研究的最前沿，同时对类星体、γ射线暴、星系形成和宇宙微波背景的重要进展也做出了贡献。事实上，他对大体物理学和宇宙学的几乎每一个分支都有贡献。

他一直对致密天体的本质有特别的兴趣。例如，他（正确）预测在包括银河系在内的星系中心附近会发现大质量黑洞。他也是研究确定γ射线暴这种奇异的剧烈爆炸的本质的奠基人之一。

在解释宇宙如何起源于黑暗时代的尝试中，他研究了第一代恒星、类星体和星系是如何形成并使宇宙大部分物质电离的。他首次预测了宇宙微波背景的极化和其他细节特征。

除此之外，里斯还是一位演讲家和播音员，而在创作科普图书方面，几乎无人与之匹敌。他有能力撰写非常困难的主题，使这些内容听起来简明易懂，这种能力在他于1995—2005年担任皇家天文学家职位期间发挥了巨大的作用。他一直非常热衷于科学领域内的国际合作，当英国政府计划拆除根据查尔斯二世❶的命令建设的皇家格林尼治天文台的时候，里斯尽了最大努力来挽救它。但不幸的是，他的努力没有成功，行政部门决心已定。

很明显，里斯对天文学产生了巨大的影响，不只是因为他个人的研究，还有他对其他人的鼓舞。现在，他已经进入英国上议院，并且成为英国皇家学会主席❷。

马丁·赖尔
（Martin Ryle，1918—1984）

马丁·赖尔是20世纪顶尖的射电天文学家之一，以发展出具有革命性的射电望远镜并用来测量遥远星系而著称。他出生于英国布莱顿，1939年在牛津大学获得物理学学位，在第二次世界期

---

❶ 查尔斯二世（1630—1685），英国国王，1660—1685年在位。
❷ 马丁·里斯于2005—2010年担任英国皇家学会主席。

间参与了雷达的研发。

　　他此后前往剑桥大学卡文迪许实验室，并在剑桥度过了科
研生涯余下的时光。在剑桥的时候，他指导了射电源表的准备
工作。1959 年完成的包含 471 个射电源的 3C 星表现在仍被当作
一个主要的数据参考来源，而 4C 星表则包含了 5000 个射电源。
这个时期较重要的发现之一是明确了本地宇宙与遥远宇宙之间的

差异，这是对大爆炸理论的首个观测证据，赖尔是这一理论热情的支持者。

1972年，赖尔接替理查德·伍利爵士（Sir Richard Woolley）成为皇家天文学家，他是历史上第一位不是出自皇家格林尼治天文台的皇家天文学家，据说正是这次对传统的背离，间接导致了皇家格林尼治天文台在20世纪末的关闭，这是一次只能被描述为官僚主义破坏行为的损失。但是，这并不是赖尔的错。1982年，他从皇家天文学家的职位上退休。之后，他一直致力于研究社会和环境问题。

卡尔·史瓦西
（Karl Schwarzschild，1873—1916）

史瓦西出生在德国法兰克福，父亲是一位富有的商人，他的童年生活愉快而平静。他很早就对天文学产生了兴趣，攒了足够的钱，买了一台小型望远镜。在年仅17岁的时候，他就发表了两篇关于双星轨道理论的论文。

史瓦西在斯特拉斯堡大学学习，并在慕尼黑大学获得博士学位。他发表了多篇关于恒星天文学的重要论文，同时以一名杰出的演讲者而闻名。据说，他有使困难的问题听起来简单的诀窍。他是哥廷根大学教授，也是哥廷根天文台台长。后来他又成为位于波茨坦的天体物理台台长，这对德国的天文学家来说是最有威望的职位。他获得了巨大的成功，对光谱学做出了重要的贡献。

第一次世界大战爆发后，胸怀爱国之情的史瓦西自愿参军。在管理过一座位于比利时的气象站之后，他到俄国前线去计算弹道。在那里，虽然作为服役的士兵，史瓦西处于持续不断的危险中，但他还是完成了两篇基础性的论文，一篇关于量子理论，另一篇关于爱因斯坦的相对论。这篇相对论论文首次给出了爱因斯坦引力方程的精确解，使我们能够理解大质量天体附近的空间几何。他把论文寄给了爱因斯坦，回信被保存下来："我从来没想过有人能以如此简单的方式给出这个问题的精确解。"这两篇论文构成了此后黑洞研究的基础。

不幸的是，史瓦西没机会做更多。俄国前线的恶劣条件使他染上了一种痛苦的皮肤疾病，而在当时却没有治愈这种疾病的办法。他被迫于1916年从陆军退役，但却无济于事，两个月之后他离开人世，成为一场人类的愚蠢战争的牺牲品。

但是他没有被忘记：1960年，柏林科学院以官方名义称赞他是最伟大的德国现代天文学家。位于陶腾堡的一座重要天文台以他的名字命名。他的儿子马丁同样也成为一位杰出的天文学家。

哈罗·沙普利
（Harlow Shapley，1885—1972）

哈罗·沙普利对天文学做出了很多重要的贡献，因测量了银河系的大小并且表明太阳远非位于银河系的中心而是靠近相当边缘的位置而被永远铭记。

沙普利出生在美国密苏里州的纳什维尔，父亲是一位农民。他的早期教育很不完整。16岁的时候，沙普利离开学校，成为堪萨斯的一名报社记者。他打算把新闻当作职业，但是当他试着进入密苏里大学新闻学院的时候，他发现他必须等上一整年才能有名额，所以他就参加了天文学课程。事实上，他成为天文学家纯属巧合。

毕业之后，沙普利去了普林斯顿大学，天文系主任是亨利·诺里斯·罗素（Henry Norris Russell）。沙普利获得了博士学位，随后加入了位于加利福尼亚州的威尔逊山天文台。他在那里待了7年，这可能是他整个职业生涯中最高产的一段时期。正是在那里，他致力于研究银河系的大小和形状。他了解大部分位于南半球的球状星团的位置。通过使用球状星团中的造父变星作为标准烛光，他计算出了它们的距离。由于球状星团分布在银河系周围，这就使他能够获知银河系的大小。因为他没有考虑星际消光，即星际物质对星光的吸收和散射作用会使星光减弱，所以他高估了银河系的大小，但是他已经迈出了重要的一步。

而在另一个方面，他错了。最初，他相信"旋涡星云"是银河系的一部分而不属于外部系统或者"岛宇宙"，这导致出现了他同天文学家赫伯·D.柯蒂斯（Heber D. Curtis）的著名辩论。可以说这场辩论以平局结束：在银河系的大小方面，沙普利是对的；而在旋涡星系的本质方面，柯蒂斯是对的。

1920年，沙普利离开了威尔逊山，成为哈佛大学天文台台长，直到1952年退休。他撰写了一些图书，既有技术专著，也有科普读物，他在管理方面也很活跃。

帕特里克·摩尔对沙普利有很美好的回忆。1966年，他和另一位著名天文学家巴雷特·博克（Baret Bok）一同参加电视节目《仰望夜空》（*The Sky at Night*）的录制。录制节目时，几个人按顺序坐成一排：沙普利、摩尔和博克。在一次节目录制过程中，沙普利和博克故意调换了位置。没人注意到这一点，直到节目播出的时候，人们发现，他们以最令人困惑的方式从一把椅子绕到了另一把椅子。

雅可夫·鲍里索维奇·泽尔多维奇
（Jakov Borisovich Zeldovich，1914—1987）

雅可夫·泽尔多维奇是20世纪50—60年代苏联宇宙学家中最伟大的一位。他出生在明斯克，那里曾经属于苏联，现在是白俄罗斯的首都。

从17岁开始，泽尔多维奇就在位于列宁格勒（今圣彼得堡）的苏联科学院化学物理研究所工作，他在那里基本上是自学。他设法逃过了斯大林的大清洗（在这个运动中有很多杰出的研究人员被杀害），并成为莫斯科大学的教授。他发表了关于激波和气体动力学的重要论文，并在苏联发展核武器和热核武器的过程中发挥了关键作用。

20世纪50年代，泽尔多维奇转向核物理和基本粒子理论。直到20世纪60年代，他的注意力才主要集中在天体物理学和宇宙学上，并成为位于莫斯科的斯滕堡天文研究所相对论天体物理部门的主任。他写了几篇论文，涉及在黑洞形成过程中中子发射的动力学问题、星系团和星系的形成以及宇宙的大尺度结构。

泽尔多维奇和拉希德·苏尼亚耶夫（Rashid Sunyaev）一起提出了苏尼亚耶夫-泽尔多维奇效应，这是一种探测星系团的重要方法，优势在于对探测遥远的宇宙和附近的宇宙同样有效。数台正在建设中的望远镜正是利用了他那时的理论见解。

也许，泽尔多维奇最有影响力的想法是他意识到大质量物质云不会均匀地坍缩，而是产生不稳定性，进而出现不对称的形状。这种"薄饼分布"确实在星系团中被观测到了，而在考虑宇宙大尺度结构时也非常重要。

泽尔多维奇是一位尝试将粒子物理学和宇宙学联系起来的先驱，同时发展出了一个将量子力学和引力理论统一起来的理论。除了这些以外，他还是一位优秀的教师，同时也是世界顶级的广义相对论和宇宙学研究团体的领导者。他获得了诸多荣誉，包括苏联科学院库尔恰托夫金质奖章（1977年）、苏联政府列宁勋章（1962年和1971年）以及布鲁斯奖（1983年）。泽尔多维奇一生经历了俄罗斯的很多变化，但他的科学生涯似乎没有受到太大的影响。他于1987年逝世于莫斯科。

弗里茨·兹威基
（Fritz Zwicky，1898—1974）

兹威基是现代最才华横溢且最特立独行的天文学家之一。他出生在保加利亚，但是他的父母是瑞士人，他也一直保留着瑞士国籍。他毕业于苏黎世大学，随后在1925年移民到美国，加入加州理工学院。他一直待在那里，于1942年成为天体物理学教授，直到1968年退休。

兹威基对天文学的第一个重要贡献涉及大质量恒星的生命故事。他意识到，当它们的核燃料耗尽时，它们会剧烈地爆炸。他也是第一个创造"超新星"这个词的人。虽然他知道，在我们的银河系里，超新星是很罕见的，但是他计算出每200～400年应该有一颗超新星。这意味着自从望远镜被发明以来，我们早就已经错过了银河系第一颗超新星，这么说来真是令人沮丧！其他星系应该也是这样。他还利用威尔逊山上的主望远镜来搜寻超新星。到了1936年，他已经发现了36颗，远超大多数人的预期。他还和威廉·巴德一起提出：在超新星爆发后，恒星的遗迹会坍缩成一个密度高得不可思议的只由中子组成的小型球体。这个观点同样也遭到了质疑，但是他被证明是正确的。

兹威基同样研究恒星和星系移动的方式。他意识到，一个星系团如果没有被我们看不到的物质"黏合"在一起，就会很快解体。事实上，这是第一次有人提到"暗物质"。现代天文学家已经相信暗物质主宰了宇宙。

▲ 弗里茨·兹威基

　　所有这些都是杰出的研究，但是兹威基是一个不同寻常的人。说好听点是暴躁，任何不同意他观点的人都会被他当作不共戴天的敌人。他非常强壮，养成了在天文台的餐厅里倒立的习惯，以使每个人都能注意到他。他称同事为"球形混蛋"——之所以是"球形"，是因为他认为，无论从哪个方向看，他们都像是混蛋。他坚信其他人在剽窃他的想法，却未把功劳归于他。他对埃德温·哈勃尤其恶毒。有一次，他打开了天文台穹顶的缝隙，命令助手透过缝隙射击，声称这会提高视宁度（但并不会）。我们此前已经介绍了他对威廉·巴德的看法。

　　当兹威基退休时，很多他的同事似乎并不为他的离开而感到遗憾。但是，至少他对天文学做出了杰出的贡献，这对那些他之后的"球形混蛋"来说，都具有巨大的价值。

◄ **宇宙**

在这个迄今为止最深邃的宇宙视野中，可以看见数千个星系。图片由哈勃超深场拍摄。

宇宙的时间线

大爆炸后的时间	事件	距离今天的时间
0	大爆炸	137亿年前
$10^{-35} \sim 10^{-33}$秒	暴胀	
10^{-33}秒	夸克和反夸克诞生。二者相互湮灭，剩下微量的夸克	
10^{-5}秒	夸克结合形成质子和中子	
10^{-3}秒	氢原子和氦原子形成	
1～3分钟	硼及以下的轻元素形成	
37万年	宇宙微波背景辐射出现，宇宙变得透明	
2亿年	第一代恒星诞生，再电离	135亿年前
30亿年	成熟星系、类星体和银河系中最古老的恒星形成	约104亿年前
91亿年	我们的太阳系（包括地球）形成	56亿年前
99亿年	最早的化石形成	38亿年前
134亿年	爬行动物出现	3.2亿年前
135亿年	非洲大陆与美洲大陆分离，恐龙出现	2亿年前
136.4亿年	恐龙灭绝，小型哺乳动物繁荣	6500万年前
136.95亿年	灵长类动物（包括最早的类人猿）开始演化	500万年前
136.998亿年	智人出现	19.5万年前
136.999亿年	最后一个冰川期结束，现代世界开始出现	1万年前
137亿年	今天	
147亿年	地球变得不再宜居	10亿年后
187亿年	太阳变成红巨星，地球毁灭	50亿年后
237亿年	太阳变成一颗白矮星	100亿年后
10^{14}亿年	星系形成和恒星形成停止	百万亿年后
10^{36}亿年	50%的质子衰变	
10^{40}亿年	所有的质子消失，宇宙由黑洞所主宰	
10^{100}亿年	黑洞解体	
10^{150}亿年	光子时代：宇宙到达极低能量的状态	

术语表

原子

古希腊人相信物质可以被分成不可见的单元，他们称之为原子。原子的现代观点也非常相似：它有一个由带正电的质子和呈电中性的中子组成的原子核，四周围绕着质量很小的带负电的电子。电子和质子带相同的电荷，只是正负不同。这样，一个中性的原子一定含有相同数量的电子和质子。例如，碳有6个质子和6个电子，而最轻的元素——氢只有1个质子和1个电子。在经典理论中，物理学家认为电子环绕原子核就像是行星环绕太阳，但是在量子物理里，事情就不那么简单了。

反物质

现代粒子物理理论预言，每种粒子都有对应的反粒子，二者具有相反的电荷而其他性质完全相同。这些反粒子被统称为反物质。例如，电子的反粒子是正电子。当粒子和反粒子碰撞时，它们会发生湮灭，释放能量并为宇宙飞船提供动力（至少在科幻作品中）。在宇宙演化的早期阶段，宇宙中有相同数量的物质和反物质，我们还不清楚现在这个物质占压倒性地位的宇宙是如何形成的。

重子

重子是由夸克组成的粒子，例如夸克自身以及中子和质子。天文学家使用"重子物质"这样的概念把宇宙中的普通物质与神秘的暗物质区分开来。

十亿

在本书里，我们使用十亿（billion）这个词的标准科学定义，即1000000000或者10^9。它另一个比较早的定义是等于1百万百万，即1万亿，这个定义现在几乎不再使用。

黑体

一种理想化的辐射发射体和接收体。恒星就非常接近黑体。任何热的物体都会发出电磁辐射，一个黑体的发射谱则完全取决于它的温度。把黑体的能量与频率（或者颜色）的关系画出来就会得到一个平滑的驼峰曲线（见P46），其中的能量密度最大值会随着温度升高而向更高的频率移动。如果一个金属物品（如一根拨火棍）被加热，它先是呈现出红色，接着是橙色，然后是黄色，最终是达到白热。同样，温度最高的恒星是呈蓝白色的。

黑洞

黑洞是一种具有强引力场的天体，它的引力场强到足以阻止宇宙中速度最快的光从它的表面逃逸。特定质量物质被压缩在一定半径之内，会形成一个黑洞，这个半径被称作史瓦西半径。在很多年里，黑洞被认为只是理论上的猜测，但是现在有强有力的证据表明黑洞确实存在。大部分星系的中心可能都有一个质量达到数百万个太阳质量的超大质量黑洞。

电荷

电荷是很多粒子都具有的一种性质，比如夸克、质子和电子。正电荷和负电荷相互吸引，正是这种力使得中性原子内带负电的电子和带正电的原子核结合在一起。

彗星

对这种冰质天体最好的描述就是"脏雪球"。彗星被认为形成于太阳系的外部区域，它们停留在被称作奥尔特云的彗星"容器"中，直到受到干扰。当附近的恒星经过时产生引力扰动，一颗彗星的轨道就会发生改变，进入太阳系内部。当它靠近太阳的时候，冰会融化，形成我们熟悉的彗尾（总是指向太阳的反方向）。尽管一些彗星被彻底抛出了太阳系，但大多数彗星都是周期性的，会定期造访我们。其中第一个被确认的是哈雷彗星，它上一次造访太阳系是在1986年，周期是76年。最近的壮观彗星包括20世纪90年代末的百武彗星和海耳-波普彗星以及1994年撞向木星的苏梅克-列维9号彗星。

星座

一组恒星在天空中看起来彼此距离很近并形成一种容易辨认的图案，这就是星座。在一个星座里的恒星彼此之间没有物理上的联系，甚至可能相距成千上万光年。虽然古代的制图员创建了他们各自的星座系统，但在1930年，国际天文学联合会列出了88个官方认定的星座。其中很多最有名的组合并不是正式的星座，比如北斗七星其实只是大熊座的一部分，但是现在被称作星组。最大的星座是长蛇座，最小的星座是南十字座。尽管在人类生命的时间尺度上，星座看起来是不变的，但实际上恒星在缓慢移动，随着时间流逝，这些我们熟悉的图案将会消失。

暗物质

在过去半个世纪里，天文学家已经意识到，宇宙中的大部分物质都不是由普通原子和分子组成的，而是以奇异的暗物质的形式存在。事实上，宇宙中超过80%的质量是由暗物质组成的，它们同"普通"物质（或重子物质）几乎只通过引力发生相互作用。粒子物理预言了一族"弱相互作用大质量粒子"（WIMP）的存在，它们可能构成了暗物质，但是理论预测尚未得到任何观测或实验的证实。尽管科学家还不能确认暗物质是什么，但是观测允许科学家限制暗物质的性质。

大部分证据表明正确的模型是"冷暗物质"，即暗物质粒子是移动缓慢的大质量粒子。

维度

表示物体位置所必需的坐标。在日常生活中，一般有三个维度——长、宽和高，此外，时间也应该被当成一个维度，一些更加奇异的粒子物理理论表明，可能存在其他"隐藏"的维度，但只有高能物理实验的结果才能揭示这些维度的存在。

多普勒效应

生活中最熟悉的多普勒效应的例子就是一辆救护车开过时汽笛音调高低的变化。声源靠近时，声波波长变短，音调变高。反之，当声源远离时，声波波长变长，音调变低。声源和观察者之间的相对速度越大，声波波长的变化就越大。同样的效应也适用于光。这意味着退行光源发出的光会被拉伸，因此看起来变红，而靠近的光源发出的光会向光谱的蓝端移动。对河外星系的观测表明，除了最近的星系外，其他所有星系的光谱都移向光谱的红端，这表明它们在远离我们。星系离我们越远，远离我们的速度就越快，这个发现为宇宙的膨胀提供了首个观测证据。

生物圈

生物圈是太阳系内的一个区域。在这个区域内，温度适宜，液态水可以在岩质行星的表面存在；假设所有生命都像地球上的生命一样需要水，那么这就是生命可以存在的区域。在太阳系里，金星比生物圈更靠近太阳，目前（尽管在过去情况可能不一样）火星在生物圈以外。在其他恒星周围搜寻行星时，探测器还不够灵敏，不足以识别出地球大小的行星，但是至少在一个系统的生物圈内已发现了一颗木星大小的天体。因此，液态水可能存在于环绕那颗遥远行星的大型卫星上，并可能有生命存在。

电磁辐射

电磁波谱按频率（能量）由高到低从超高能γ射线和X射线到紫外线，再到可见光，接下来是红外线和微波，最后是无线电波，可见光只是其中的一部分。所有形式的电磁辐射都包含电和磁两种成分，它们都以光速运动（参见本书P30）。

电子

质量很小的粒子（质量小于质子的千分之一），带单位负电荷。与质子和中子不同，电子不由夸克构成，似乎是不能被分割的真正的"基本"粒子。

能量

能量守恒定律（又称热力学第一定律[1]）是所有物理学定律中最基本的定律之一。能量既不会凭空产生也不会凭空消失，只能从一种形式转化成另一种形式。著名的方程 $E=mc^2$ 表明质量可以转化成能量，或者等价地说，质量只是另一种形式的能量。恒星中心发生的核反应把质量转化成辐射和热能。

赤道

在一个球面上画的假想圆，圆上的点到两极的距离相等。我们对地球的赤道相当熟悉，这条线在天空上的投影被定义为天赤道。对于我们的坐标系而言，天赤道是很好的参考点，但是它在天空中的位置没有物理意义。

星系

星系（galaxy）起源于古希腊语中的"牛奶"，最初指的是银河，它看上去像是一条横贯天空的明亮星光带。当人们知道银河系只是数以十亿计的星系中的一个后，这个词就被用来表示大型的恒星群或者通过自身引力束缚在一起的作为独立系统存在的其他物质。星系主要分为椭圆星系和旋涡星系两类。椭圆星系是大型球状系统，其中都是年老的恒星，只有相对很少的残余气体可以转化成恒星。相比之下，旋涡星系的特征是有一个包含旋臂的盘，这些旋臂代表着正在进行的恒星形成活动，它们围绕着中心的年老核球。很多年来，人们曾以为椭圆星系由两个旋涡星系相撞而成，但实际过程似乎比这更复杂。

γ射线暴

宇宙中最剧烈的爆炸。这些快速发生的事件最早由在冷战期间监视地球上隐藏的核武器试验的卫星探测到。一些γ射线暴与被称作极超新星的极端超新星有关，其他的与黑洞和中子星的碰撞等奇异现象有关。由于γ射线暴极其明亮，因此即便它们发生在遥远宇宙的深处，我们也能看见。

引力

尽管引力是四种基本力中最弱的，但它却是唯一一种可以在天文学尺度上起作用的力。其他几种力，强核力和弱核力在远距离上极其微弱，而正负电荷产生的电磁力会彼此抵消。两个物体之间的引力与它们的质量成正比，与它们的距离的平方成反比。换句话说，如果两个物体之间的距离减半，那么它们之间的引力是原来的四倍。伊萨克·牛顿爵士创立了第一个系统性的引力理论，阿尔伯特·爱因斯坦在他的广义相对论中又将其进行了扩展。

热量

温度的科学定义与日常定义相当不同。气体的温度越高，组成气体的原子就运动得越快。作为对比，"热量"经常被用来表示

---

[1] 热力学第一定律只是能量守恒定律在涉及热现象宏观过程中的具体表述。

热能的量。例如，一根烟花棒的温度要比一根拨火棍的温度高得多，但是因为烟花棒中的物质要比拨火棍中的少得多，所以拨火棍中的热量更多，这也是为什么一个人可以握住一根烟花棒，但是却不愿意握住一根炽热的拨火棍。

暴胀

在一个标准大爆炸理论的扩展版本中，宇宙在大爆炸之后短于1秒的时间里以剧烈增加的速度膨胀。虽然迄今为止，我们还是难以找到暴胀的直接证据以及暴胀发生原因的理论解释，但是它为标准大爆炸模型中的数个观测问题提供了一种美妙的解决方案。

电离

高能光子可以把电子撞离原子核，这被称作电离。在大爆炸刚刚发生后的高能环境中，电子的能量太高，无法被原子核捕获，整个宇宙呈电离态。随着宇宙的膨胀，它开始冷却，慢慢地电子可以被原子核捕获形成中性原子。随着宇宙中第一束光的出现，电子再一次获得了自由，这个时期令人相当困惑地被称作再电离。

光年

真空中光在一年的时间里通过的距离，等于9.5×10^{15}米或者9.5万亿千米。太阳距离我们8光分——也就是说我们此刻看到的光线是在8分钟之前从太阳发出的，而离我们最近的恒星有4.2光年。太阳距离银河系中心26000光年，银河系的跨度则达到了10万光年。130亿光年以外的天体，看起来就像是大爆炸刚发生之后的样子。

光度

光源的光度反映了光的发射率。换句话说，一颗恒星的光度反映了它的内禀亮度而不是视亮度。太阳比天空中其他恒星看起来更明亮，是因为它离我们近，即使很多恒星的光度远大于这颗相当普通的恒星。

星等

测量天体亮度的传统方法。星等的标尺令人相当困惑：数越小，光源看起来越亮。按照定义，明亮的织女星的星等是0.0，而相差5个星等对应于亮度相差100倍。因此，织女星的亮度是星等为5的恒星亮度的100倍。在黑暗的天空中，人的肉眼能看到差不多星等为6的恒星。这里说的星等是视星等，但也经常用来指绝对星等。绝对星等反映出光源的光度，定义为恒星距地球10秒差距时恒星的视星等。

质量

质量有两个科学上的定义。第一个是一个物体抵抗加速的性质，推一辆汽车要比踢一个足球花更多的力气。第二个是定义一个物体引力强度的性质，质量更大的物体有更强的引力。这两个定义被证明是等价的，因此在这两种情况下都叫作质量。一个常见的错误是混淆了质量和重量。重量是重力施加在一个物体上的力。当尼尔·阿姆斯特朗踏上月球表面的时候，他的质量没有变化，但是他的重量却变了。

流星

流星是由进入地球大气层的小颗粒引起的，这些小颗粒的大小通常就像一粒沙子。大气的摩擦导致颗粒烧尽，在天空中留下一道快速移动的短暂尾迹，也就是我们看到的流星。许多尘埃颗粒都和彗星有关。当彗星周期性地经过内太阳系的时候，从彗核中脱落的尘埃就会散落在它的轨道上。当地球轨道和彗星轨道交叉的时候，我们就看到了流星雨。来自同一场流星雨的流星，看起来就像是来自天空中的一个被称作辐射点的单一区域，这就像是站在一座高速公路桥上看到两条平行的车道似乎在远方相交。特别值得注意的是两场最著名的流星雨：英仙座流星雨，在每年的8月达到极大值，是几乎每年都会出现的年度流星雨；而狮子座流星雨是大约每33年出现一次的壮丽流星风暴。在后者这样的流星雨中，在差不多1小时的时间里，平均1秒钟就会出现一颗流星。

陨石

一个大型的小行星状天体在进入地球大气层的过程中幸存下来，并且降落到地球的表面。出人意料的是，尽管近些年里有几辆汽车被陨石击中并严重受损，但似乎没有人被陨石砸伤的记录。虽然大多数陨石来自小行星带（或其他小行星大小的天体），却也有一些可能来自月球或者火星。这些火星陨石中最著名的一个编号是ALH84001，它又看起来像是陆生细菌化石的结构，只是大小不同。这可能是因为陨石降落到地球之后受到了污染，但它仍是火星上可能存在生命或者曾经存在过生命的最确凿的证据。今天，大部分的陨石都是在南极洲被发现的，因为它们在冰天雪地的背景下更加显眼。

银河

横跨天空的暗淡恒星组成的光带，除恒星外还包含了很多星云和尘埃云。它是银河系的银盘在天球上的投影。

星云

星云一词来自拉丁语中的"薄雾""雾"或者"云"，它在天文学中指的是任何可见的气体和尘埃团。我们附近的著名例子就是猎户座星云，那是一个恒星正在从致密的气体和尘埃中形成的区域。新近形成的恒星能够在反射星云中照亮周围的气体。类日恒星在生命周期的晚期会喷出它的外层，形成行星状星云。这个名字来自在小型望远镜中经常看到的它的盘状外观，但其实和行星或者反射星云没有任何关系。我们还观测到了由尘埃组成的暗星云，它们遮挡住了来自更远的光源的光，其中最著名的就是南十字座中的煤袋星云。

中微子

小而轻的粒子是驱动太阳这样的恒星的核反应的副产品。很多年以来，人们都认为中微子没有质量，但是现在发现，它们也有质量（尽管不足以解释暗物质所需的量）。这也解决了长期存在的"中微子疑难"，也就是观测到的来自太阳的中微子的数量要远小于理论的预期。这个微小的质量使得中微子能够在从太阳到地球的途中在三种"味"——电子中微子、缪子中微子和陶子中微子——之间相互转化，而此前的探测器只对其中质量最小的那种"味"——中微子敏感。中微子的"味"的数量可以由大爆炸理论预测，因此为宇宙起源于一种高温致密的状态的观点提供了绝好的验证。

中子

中子是构成原子核的两种粒子之一，这两种粒子都是由三个夸克构成的。中子的质量和质子几乎一样，但是不带电荷。在超新星爆炸这样的极端条件下，质子和电子能够结合形成中子，结果是一颗死亡恒星的内核形成了一颗致密的中子星。中子星的最大质量被认为大约是太阳质量的8倍，任何比这个质量大的天体都将不可避免地坍缩成一个黑洞。

原子核

原子的原子核是由带正电的质子和呈电中性的中子构成的，几乎占据了整个原子的质量。在恒星中心的高温高压环境中，高能电子能够脱离原子核的束缚，这样原子核就在核聚变中结合形成了更重的元素。原子核中质子的数量定义了它的种类，因此氢有1个质子，氦有2个，锂有3个，以此类推。

秒差距

距离单位，1秒差距等于3.26光年。从1秒差距的距离上来观察，地球和太阳之间的夹角为1角秒（1°的1/3600）。

普朗克时间

在量子力学中，普朗克时间是最小的时间单位，等于5×10^{-44}秒。即使有足够精确的钟可以测量更小的时间段，量子力学也使这种测量变得不可能。这究竟是宇宙的真实特征，还是只是量子力学不完备性的一种表现，需要进一步的研究。

正电子

电子的反粒子。正电子与电子有相同的质量，但是带有相反的电荷。和所有的物质-反物质对一样，电子和正电子碰撞后将发生湮灭，剩下的只有能量。

质子

由三个夸克组成的带正电的粒子，质子是构成原子核的两种粒子之一。

脉冲星

快速旋转的中子星会在两极附近产生辐射细束。当中子星旋转的时候，细束就会像灯塔一样扫过天空。如果细束恰好扫过地球，我们就会看到快速脉冲源。第一个被探测到的规则脉冲信号编号为LGM-1，代表的是小绿人1号。举现在已知一个双脉冲星的例子，科学家能从它的脉冲中提取信息，从而对广义相对论进行严格的检验。

量子

量子力学最基本的观点就是一个粒子不能携带任意的能量，而只能携带整数个小的"能量包"。这些能量包就被称作量子。在我们的日常生活中，量子效应很小，因为单个量子的能量极其小，但是在原子和分子的尺度上，情况就变得非常不一样了。

夸克

夸克结合起来形成质子、中子和其他更加奇异的粒子，它们被认为是基本粒子。换句话说，夸克不能再分。夸克有6种"味"，非常古怪地被命名为"上""下""奇""粲""顶"和"底"（曾经有人试图把最后两种重新命名为"真"和"美"，但是没有成功）。夸克通过强核力结合在一起，并具有一种奇异的性质，就是我们永远都看不到一个单独的夸克。强核力随着距离的增加而增加，所以如果两个夸克被拉开，它们之间彼此吸引的力实际上在增大！

类星体

类星体最初的定义是在很遥远的地方看起来像恒星一样的源。几十年的观测表明，它们实际上是在中心有极大质量黑洞的星系，这些黑洞正在吞噬大量的气体和尘埃。这些落入黑洞的物质在它们落向中心黑洞的过程中会发出辐射，这种强大的辐射使我们能够看到宇宙中最遥远的类星体。在遥远的过去，类星体可能更为常见。最近有人提出，可能所有的星系都会经历一个类似类星体的阶段。只有当所有落向中心黑洞的物质都被耗尽之后，一个星系才会变成"正常"的星系。

红移

由于多普勒效应，一个退行光源发出的光线向光谱的红端移动。天文学家也使用红移作为时间的坐标。现在的红移为0，随着我们望向宇宙演化的最早期阶段，观测到的红移也在增加。我们目前观测到的最遥远的光源的红移是6.4，这相当于是大爆炸发生后8.7亿年（也就是光源距离我们129亿光年）。

光谱

电磁辐射通过一个棱镜（或一个细光栅）后会被分解为波长不同的成分，称作光谱，其中我们最熟悉的现象是天空中的彩虹。不同波长的相对强度包含了发光物体的大量信息，尤其是一系列被称作谱线的暗线或明线（见本书P46），代表了光源中存在的不同元素。这些谱线使得天文学家甚至能够识别出最遥远天体的成分。伊萨克·牛顿爵士用拉丁文中的"看"创造了光谱这个词。

标准形式

标准形式是用来表示非常小的和非常大的数字的科学记数法的名字。它采用这样一种形式：先是 1 ~ 10 之间的数字，接着是一个与这个数字相乘的因子。150000 会写成 1.5×10^5。类似地，10 亿会写成 1.0×10^9，而 1/1000000 会写成 1.0×10^{-6}。

稳恒态理论

曾经是大爆炸理论的竞争对手，现在已经没人相信。这个理论认为宇宙处于持续膨胀的稳定状态中，同时伴有小尺度的物质创生。

强核力

把夸克束缚在一起形成质子和中子等更大粒子的力。强核力随着距离的增大而增加，因此当两个夸克被拉开的时候，它们之间的强核力会变大。

超大质量

一个经常被用来描述星系中心黑洞的词汇。我们很难准确定义这个词，但是它通常的意思是数百万倍太阳质量。

超新星

当一颗大型恒星耗尽了中心的燃料后，它会突然坍缩。中心增加的压力会导致像黑洞或者中子星这样的致密遗迹的形成，同时剩余的大部分物质会在一次被称作超新星爆发的剧烈爆炸中向外反弹。这样一次爆发很容易就盖过所在星系里所有其他恒星的光芒，这种亮度可以持续数周，此后逐渐变暗。有一个例外是 Ia 型超新星，它是在一个双星系统中产生的。在这个系统里，一颗大型恒星的物质能够被一颗白矮星吸积到自身的表面上，当达到一个临界密度后，这颗白矮星会重新被点燃，爆发成为超新星。令人有些失望的是，自从望远镜发明以来，我们还没有在银河系内观测到一颗超新星。1987年，在大麦哲伦云里发生了一次超新星爆发。

波长

相邻两个波峰之间的距离。红色可见光的波长是 4.0×10^{-7} 米，而无线电波的波长可以达到数十千米。

弱核力

导致某些种类的放射性核衰变的力。

虫洞

迄今为止，虫洞还只是一种纯理论的结构，它允许空间中距离很远的地区通过"近路"连接在一起。人们猜测，黑洞可能是这样的通道的一端，进入黑洞的物质会在"白洞"中再次出现。

索引

A

Albert Einstein 阿尔伯特·爱因斯坦 / 12, 13,
14, 27, 56, 81, 83, 127, 150, 184, 185, 186, 187,
196

amateur astronomers 业余天文学家 / 106, 170

Andromeda galaxy 仙女座星系 / 8, 16, 19, 63,
71, 148, 150, 183, 190

anthropic principle 人择原理 / 16, 128, 129

antimatter 反物质 / 20, 21

Apollo 阿波罗 / 2, 50

Arthur Eddington 阿瑟·爱丁顿 / 184, 185,
187

asteroids 小行星 / 95, 101, 103, 105, 125, 134,
169, 170, 183

astronomical unit 天文单位 / 92, 125

atoms 原子 / 9, 16, 17, 20, 25, 26, 27, 30, 41,
42, 43, 44, 46, 48, 50, 52, 53, 86, 89, 91, 114,
118, 122, 129, 158

B

baryons 重子 / 21, 78

Bernard Lovell 伯纳德·洛弗尔 / 192, 193

Beta Pictoris 绘架座β / 92, 93, 178

Betelgeux 参宿四 / 4, 7, 47, 136, 174, 175

Big Crunch 大挤压 / 79, 154

Big Rip 大撕裂 / 158, 159

black body 黑体 / 32, 46

black holes 黑洞 / 49, 50, 52, 54, 56, 57, 60,
61, 65, 66, 76, 86, 145, 147, 150, 151, 154, 156,
157, 184, 194, 196, 198

black smokers 黑烟囱 / 116, 117, 118

Bok globules 博克球状体 / 88

brown dwarfs 褐矮星 / 77, 95, 109,

Bullet cluster 子弹星系团 / 77, 78

C

Cepheid variables 造父变星 / 183, 188, 190,
197

Chandra X-Ray observatory 钱德拉X射线天文
台 / 77, 79, 184

Chandrasekhar limit 钱德拉塞卡极限 / 80,
145, 184

charge 电荷 / 17, 19, 20, 44, 76, 81, 144, 156

chirality 手性 / 91

climate change 气候变化 / 134, 135

clusters of galaxies 星系团 / 8, 14, 17, 21, 32,
37, 38, 63, 77, 78, 83, 92, 148, 151, 154, 156,
158, 164, 198, 199

clusters of stars 星团 / 64, 65, 72, 78, 92, 95,
148, 150, 156, 174, 175, 177, 179, 191

COBE satellite 宇宙背景探测者卫星 / 34, 35

comets 彗星 / 92, 95, 98, 101, 104, 114, 163,
164, 171, 172

constellations 星座 / 2, 7, 164, 172, 173, 175, 176,

177, 178, 179

Crux (Southern Cross) 南十字座 / 178, 179

Copernican principle 哥白尼原理 / 36

cosmic conspiracy 宇宙阴谋 / 21, 22, 23, 24

cosmic microwave background 宇宙微波背景 / 25, 31, 32, 33, 34, 36, 40, 132, 194

cosmic shear 宇宙切变 / 82

cosmic year 宇宙年 / 65, 76

cosmological constant 宇宙学常数 / 81, 154, 157, 158

craters 环形山 / 98, 101, 114, 132, 165, 166, 167, 168

D

dark ages 黑暗时代 / 8, 40, 48, 63, 194

dark energy 暗能量 / 77, 79, 81, 82

dark matter 暗物质 / 41, 42, 76, 77, 78, 79, 154, 199

deep field images 深场图像 / 60, 61

dimensions 维度 / 9, 25, 34, 57, 158

dinosaurs 恐龙 / 9, 65, 118, 119, 120, 125, 135

Doppler effect 多普勒效应 / 47, 71, 190

double pulsars 双脉冲星 / 147, 151

dust clouds 尘埃云 / 4, 65, 86, 136, 150

E

Earth 地球 / 2, 4, 7, 8, 9, 16, 17, 22, 23, 25, 26, 33, 35, 36, 37, 38, 40, 42, 45, 48, 50, 63, 65, 76, 79, 88, 91, 92, 95, 98, 99, 101, 102, 103, 105, 106, 107, 108, 109, 112, 114, 115, 116, 118, 119, 120, 121, 122, 123, 124, 125, 126, 128,

129, 132, 134, 135, 136, 137, 138, 139, 140, 141, 144, 147, 151, 158, 166, 167, 169, 170, 173, 185, 192, 193

ecospheres 生物圈 / 123

Edwin Powell Hubble 埃德温·鲍威尔·哈勃 / 67, 81, 183, 190, 191, 201

Einstein rings 爱因斯坦环 / 82, 83

electromagnetic force 电磁力 / 44, 81

electromagnetic radiation 电磁辐射 / 30, 36, 44, 51

electrons 电子 / 17, 20, 21, 26, 30, 31, 42, 43, 44, 46, 47, 48, 54, 145, 157

elementary particles 基本粒子 / 12, 16, 19, 76, 156, 157, 159, 198

elements 元素 / 17, 40, 41, 42, 46, 47, 50, 52, 53, 86, 114, 118, 120

Enceladus 土卫二 / 106

Epsilon Eridani 天苑四 / 124, 125, 128

escape velocities 逃逸速度 / 49, 50, 137, 147

exclusion principle 不相容原理 / 144

extrasolar planets 系外行星 / 106, 107, 108

F

fossils 化石 / 116, 118, 127, 132, 189

Fred Hoyle 弗雷德·霍伊尔 / 114, 188, 189, 190

Fritz Zwicky 弗里茨·兹威基 / 183, 199, 201

G

galactic halo 银晕 / 64

galaxy 银河系 / 4, 14, 16, 21, 35, 37, 48, 49,

51, 54, 60, 61, 63, 64, 65, 66, 67, 71, 86, 115, 124, 126, 127, 147, 148, 150, 175, 190, 194, 197, 199

gamma-ray bursts γ 射线暴 / 51, 52, 54, 147, 194

gas clouds 气体云 / 9, 53, 77, 86, 88, 124

George Ellery Hale 乔治·埃勒里·海耳 / 187, 188

Gerard Kuiper 杰拉德·柯伊伯 / 103, 191, 192

Gertrude Moore 格特鲁德·摩尔 / 122

global warming 全球变暖 / 135

globular clusters 球状星团 / 64, 72, 156, 179, 197

gravitational waves 引力波 / 150, 151, 154

gravity 引力 / 14, 17, 19, 22, 23, 24, 34, 37, 38, 40, 41, 42, 48, 49, 50, 52, 60, 63, 64, 76, 77, 78, 79, 81, 83, 86, 88, 92, 95, 96, 97, 98, 107, 109, 114, 137, 138, 141, 144, 148, 154, 158, 196, 199

Great Red Spot 大红斑 / 103, 170

H

Harlow Shapley 哈罗·沙普利 / 197, 198

Hawking radiation 霍金辐射 / 157

helium 氦 / 17, 26, 27, 40, 41, 42, 43, 44, 45, 50, 89, 118, 138

Hertzsprung-Russell diagram 赫兹伯隆-罗素图（赫罗图）/ 92

Hubble Space Telescope 哈勃太空望远镜 / 2, 8, 34, 51, 53, 54, 60, 61, 65, 75, 78, 83, 90, 101, 107, 134, 148, 171

hydrogen 氢 / 17, 26, 40, 41, 42, 43, 44, 48, 49, 50, 52, 86, 88, 89, 95, 97, 101, 114, 124, 135, 136, 138, 163

hydrothermal vents 热液喷口 / 116, 117, 118

hypernovae 极超新星 / 50, 53

I

inflation 暴胀 / 23, 24, 25, 26, 27, 30, 31, 79, 159

infrared astronomy 红外天文学 / 79

ionisation 电离 / 42, 48, 49, 50, 194

Isaac Newton 伊萨克·牛顿 / 27, 46, 56, 186, 189, 193

J

Jacov Zeldovich 雅可夫·泽尔多维奇 / 198, 199

jets 喷流 / 60, 61, 86, 92, 156

Jodrell Bank 焦德雷尔班克 / 79, 125, 193

Jupiter 木星 / 8, 95, 96, 97, 98, 101, 103, 105, 106, 107, 108, 109, 125, 164, 169, 170, 171

K

Karl Schwarzchild 卡尔·史瓦西 / 196

Kelvin temperature scale 开氏温标 / 27

Kuiper Belt objects 柯伊伯带天体 / 95, 96, 101, 103, 192

L

La Palma 拉帕尔马岛 / 180

Large Magellanic Cloud 大麦哲伦云 / 51, 61, 63, 178

librations 天平动 / 114, 166

liquid water 液态水 / 106, 108, 120

local group of galaxies 本星系群 / 63, 190

M

MACHOs 晕族大质量致密天体 / 77

magnitude 星等 / 91, 173, 174, 175, 177, 178, 179

main sequence 主序 / 92, 93

Mars 火星 / 95, 101, 105, 112, 120, 121, 122, 123, 124, 127, 134, 137, 138, 139, 169

Martin Rees 马丁·里斯 / 40, 194

Martin Ryle 马丁·赖尔 / 194, 195

massive stars 大质量恒星 / 48, 49, 50, 60, 108, 199

Mauna Kea 莫纳克亚 / 191, 192

M.C. Escher M.C. 埃舍尔 / 13

Mercury 水星 / 95, 98, 101, 105, 106, 132, 138, 139, 168, 183

meteor crater 陨石坑 / 118, 119, 132

meteorites 陨石 / 92, 101, 118, 119, 120, 121, 132, 134, 135

meteors 流星 / 101, 132, 171, 172, 193

milky way 银河系 / 4, 14, 16, 21, 35, 36, 37, 48, 49, 51, 54, 60, 61, 63, 64, 65, 66, 67, 71, 86, 115, 124, 126, 127, 147, 148, 150, 175, 190, 194, 197, 199

MoND 修正牛顿力学 / 77

monopoles 磁单极子 / 24

moon 月球 / 2, 4, 16, 37, 38, 50, 96, 98, 102, 105, 112, 114, 122, 132, 134, 140, 141, 165, 166, 167, 169, 191

multiple systems 多星系统 / 92, 95

N

nebulae 星云 / 4, 7, 53, 65, 66, 86, 88, 91, 92, 95, 132, 138, 139, 141, 142, 143, 145, 147, 164, 174, 175, 178, 179, 197

Neptune 海王星 / 95, 96, 97, 98, 101, 103, 105, 107, 126, 129, 171, 191

neutrinos 中微子 / 36, 37, 38, 42, 44, 45, 76

neutron stars 中子星 / 53, 54, 145, 147, 151, 184

Norman Lockyer 诺曼·洛克耶 / 47

nuclear reactions 核反应 / 42, 48, 50, 52, 92, 109, 138

O

Occam's razor 奥卡姆剃刀 / 82

Oort cloud 奥尔特云 / 98

oxygen 氧 / 41, 53, 86, 109, 114, 115, 116, 118, 122, 192

orbital eccentricities 轨道偏心率 / 95

P

panspermia theory 泛种论 / 114, 115, 189

parallel universes 平行宇宙 / 158, 159

Percival Lowell 珀西瓦尔·洛威尔 / 120, 128, 169

PHAs 潜在威胁小行星 / 134, 169, 170

Planck time 普朗克时间 / 12, 13, 20, 21

planetary nebulae 行星状星云 / 138, 139, 141, 142, 143

Pluto 冥王星 / 2, 96, 102, 103, 171, 192

Polaris 北极星 / 7, 134, 173, 174

protons 质子 / 17, 19, 20, 21, 26, 30, 42, 43, 44, 145, 157

protostars 原恒星 / 88, 92

pulsars 脉冲星 / 145, 147, 195

Q

quantum mechanics 量子力学 / 16, 17, 30, 144, 186, 199

quarks 夸克 / 16, 17, 19, 20, 21, 157, 202

quasars 类星体 / 60, 61, 83, 86, 185, 194, 195

R

radio astronomy 射电天文学 / 193, 195

radio communication 无线电通信 / 128

radio sources 射电源 / 65, 83, 195

red giant stars 红巨星 / 93, 132, 135, 137, 138, 139, 141, 183

redshift 红移 / 31, 32, 33, 34, 42, 47, 60, 61, 81, 154

reionization 再电离 / 49, 50

relativity theory 相对论 / 12, 14, 16, 22, 56, 57, 81, 82, 127, 150, 185, 186, 187, 196, 198, 199

Rigel 参宿七 / 4, 7, 174, 175

rocky planets 岩质行星 / 95, 97, 106, 109, 124, 170

S

Sagittarius A* 人马座A / 65

Saturn 土星 / 95, 97, 98, 101, 102, 103, 105, 106, 137, 170, 171, 191

science fiction 科幻小说 / 20, 57, 122, 189

SETI project 地外文明搜寻计划 / 124, 125

Sirius 天狼星 / 7, 47, 91, 144, 174, 175, 176, 179

sky surveys 巡天 / 33, 37, 42, 80, 82, 107, 176

Small Magellanic Cloud 小麦哲伦云 / 61, 63, 178

solar system 太阳系 / 2, 4, 8, 16, 17, 19, 36, 37, 41, 42, 60, 76, 86, 89, 93, 95, 96, 97, 98, 101, 102, 103, 105, 106, 107, 108, 112, 118, 120, 122, 124, 125, 126, 128, 129, 137, 138, 139, 140, 164, 168, 170, 171, 183, 191

spiral galaxies 旋涡星系 / 37, 64, 66, 67, 71, 75, 86, 148, 175, 183, 190, 195, 197

Spitzer Space Telescope 斯皮策太空望远镜 / 4, 33, 48

standard candles 标准烛光 / 79, 80, 197

standard form 标准形式 / 12

second generation 第二代 / 53, 54, 86

steady-state theory 稳态理论 / 27

stromatolites 叠层石 / 112, 116

strong nuclear force 强核力 / 19, 44, 81

Subramanyan Chandrasekhar 苏布拉马尼扬·钱德拉塞卡 / 184

sulphur 硫 / 142

Summer Triangle 夏夜大三角 / 175, 176, 177, 179

sunspots 太阳黑子 / 43, 135, 164, 165, 187

supernova remnants 超新星遗迹 / 54, 56, 145, 147

supernova 超新星 / 41, 50, 51, 52, 53, 54, 56, 67, 79, 80, 81, 86, 118, 132, 145, 147, 148, 150, 151, 179, 199 supernova 1987a 超新星1987a / 51, 52, 145

SN2006gy 超新星 SN2006gy / 80

supervolcanoes 超级火山 / 133, 135, 136

T

T Tauri stars 金牛T型星 / 92

Tau Ceti 天仓五 / 124, 125, 128

tidal effects 潮汐效应 / 140, 141

Titan 土卫六 / 105, 137, 138, 191, 193

Transits 凌 / 171

transparency 透明化 / 159

two-degree field (2dF) survey 2度视场巡天 /
33, 42

U

ultraviolet images 紫外线图像 / 71

Uranus 天王星 / 95, 97, 98, 101, 103, 105, 126,
171

V

vacuum forces 真空力 / 81

Venus 金星 / 91, 95, 99, 101, 105, 106, 108,
123, 125, 132, 138, 139, 163, 164, 168

virtual particles 虚粒子 / 81, 156

volcanoes 火山 / 99, 114, 115, 118, 133, 135,
136, 167, 168, 169, 192

W

wave-particle duality 波粒二象性 / 17, 30

weak nuclear force 弱核力 / 44, 81

white dwarfs 白矮星 / 80, 93, 141, 144, 145,
147, 151, 184

Wilhelm Baade 威廉·巴德 / 183, 188, 190,
199, 201

WIMPs 弱相互作用大质量粒子 / 76, 77

WMAP probe 威尔金森微波各向异性探测器 /
31, 37

wormholes 虫洞 / 57

X

X-ray astronomy X射线天文学 / 79

Z

zodiacal light 黄道光 / 173

图片版权

Berlin (G. Neukum); P101: NASA 和 The Hubble Heritage Team (STScI/AURA); P102右: courtesy NASA/JPL-Caltech; P102左: Ian Sharpe; P103左: Courtesy NASA/JPL-Caltech; P102右: Courtesy NASA/JPL-Caltech; P104上: Sebastian Deiries / ESO; P104下: Thomas Balstrup and Lars T. Mikkelsen; P106上: NASA/JPL/Space Science Institute; P106下: Kate Shemilt; P107: NASA/ESA.

第五章

P110–111: Brian Smallwood; P112: James Symonds; P113: Pete Lawrence; P115 Patrick Moore; P117: OAR/National Undersea Research Program (NURP); NOAA; P118: Stephen Low Productions; P119上: Brian May; P119下: Virgil L. Sharpton, University of Alaska, Fairbanks; P120-121上: ESA; P121下: NASA/JPL-Caltech; P122上: Patrick Moore; P122下: Patrick Moore; P123: HiRISE, MRO, LPL (U. Arizona), NASA; P124: NRAO/AUI; P125: Anthony Holloway; P126: NASA/JPL-Caltech; P129: NASA.

第六章

P130-131: Brian Smallwood; P132左: Brian Smallwood; P132右: Patrick Moore/Brian May; P133上: Landsat Pathfinder Project; P133下: www.asiafoto.com; P134: Phil James (Univ. Toledo), Todd Clancy (Space Science Inst., Boulder, CO), Steve Lee (Univ. Colorado), and NASA; P135下: NASA; P138: Cassini radar mapper, JPL, ESA, NASA; P136: A. Dupree (CfA), R. Gilliland (STScI), FOC, HST, NASA; P139: James Symonds; P140-141左: ESA & Garrelt Mellema (Leiden University, the Netherlands); P141右: The Hubble Heritage Team (AURA/STScI/NASA); P142上: Bruce Balick (University of Washington), Vincent Icke (Leiden University, The Netherlands), Garrelt Mellema (Stockholm University), and NASA; P142下: NASA/ESA & Valentin Bujarrabal (Observatorio Astronomico Nacional, Spain); P143上: NASA; ESA; Hans Van Winckel (Catholic University of Leuven, Belgium); and Martin Cohen (University of California, Berkeley); P143下: Andrew Fruchter

(STScI) et al., WFPC2, HST, NASA; P145上: NASA; P144 (bottom): NASA/SAO/CXC; P146: NASA/CXC/SSC/J. Keohane et al.; P145下: J. M. Cordes & S. Chatterjee; P148: Image courtesy of NRAO/AUI and HST/STScI; P149: Brad Whitmore (STScI) and NASA; P150-151: NASA, H. Ford (JHU), G. Illingworth (UCSC/LO), M.Clampin (STScI), G. Hartig (STScI), the ACS Science Team, and ESA.

第七章

P152-153: Brian Smallwood; P155: ESO; P157: Werner Benger; P156: Canada-France-Hawaii Telescope/J.-C. Cuillandre/Coelum; P159: Brian Smallwood.

结语

P160: NASA.

实用天文学

P162: Pete Lawrence; P163: Kate Shemilt; P164: John Fletcher; P165: Jamie Cooper; P167: Ian Sharpe; P168上: Damian Peach; P168下: Brian May; P169: Jamie Cooper; P170: Damian Peach; P171: Ian Sharpe; P172: Patrick Moore; P173: Brian May; P174-178 James Symonds; P180-181: © Instituto de Astrofísica de Canarias.

人物小传

P182: ANTU/UT1 + FORS1; P183: Patrick Moore; P184: H. Bond (STScI), R. Ciardullo (PSU), WFPC2, HST, NASA; P185: NASA & ESA; P186: California Institute of Technology; P188: Patrick Moore; P191: Subaru Telescope, NAOJ; P192: Patrick Moore; P194: Patrick Moore; P195上: John Bahall, Mike Disney; P199: Floyd Clark, California Institute of Technology; P200-201: NASA, ESA, S. Beckwith (STScI) and the HUDF Team.